ニュートン**超図解**新書

最強に面白い

素粒子

はじめに

　「素粒子」とは，それ以上分割することができないと考えられる，究極に小さい粒子のことです。たとえば消しゴムを，カッターでどんどん細かく切っていったら，最終的に何になると思いますか？　物質が何でできているかを明らかにすることは，紀元前のころからの，人類の夢でした。

　中学校で，物質は「原子」からできていると習った人も多いのではないでしょうか。しかし実は，原子はもっと小さい粒子に分割できます。「電子」「アップクォーク」「ダウンクォーク」という粒子です。そして現代の科学では，これらの粒子が，素粒子だと考えられているのです。

本書は，究極に小さい粒子である素粒子を，ゼロから学べる一冊です。"最強に"面白い話題をたくさんそろえましたので，どなたでも楽しく読み進めることができます。素粒子の世界を，どうぞお楽しみください！

ニュートン超図解新書

最強に面白い

素粒子

第 1 章
物質を形づくる素粒子

第3章
ヒッグス粒子から超対称性粒子へ

【本書の主な登場人物】

ヴォルフガング・パウリ
（1900 ～ 1958）
スイスの物理学者。ニュートリノの存在を予言するなど，量子論の発展に貢献した。1945年，ノーベル物理学賞を受賞。

中学生

ハリネズミ

イントロダクション

素粒子とは，それ以上分割することができないと考えられる，究極に小さい粒子のことです。イントロダクションでは，素粒子とは何かについて，簡単に紹介します。

紀元前からの人類の夢

　物質を細かく分割していくと，いつしかたどりつくであろう，それ以上分割することができない究極に小さい粒子。この究極に小さい粒子こそが，素粒子です。

　物質が何からできているかを明らかにすることは，紀元前からの人類の夢でした。その一つの答えともいえるものが，元素を一覧表にした「周期表」です。ロシアの化学者のドミトリー・メンデレーエフ（1834 ～ 1907）が，1869年に世界ではじめてつくりました。

たった100種類ほどの原子から できている

　身のまわりの物質は，「原子」という小さな粒からできています。周期表の元素とは，原子の種類のことです。

　現在の周期表には，118種類の元素が並んでいます。**つまり，原子の種類が100種類ほどあり，身のまわりの物質が100種類ほどの原子からできていることを意味します。**

　私たちの身のまわりには，数えきれないほどさまざまな物質があります。これらの物質のすべてが，たった100種類ほどの原子からできているということは，おどろくべきことです。

最小の粒子を追い求めてきた100年あまりが，素粒子物理学の歴史だといえるのだ。

1 元素の周期表

周期表は，似た性質をもつ元素が同じ縦の列にくるように，元素を並べたものです。アルファベットは，元素を記号であらわした「元素記号」です。

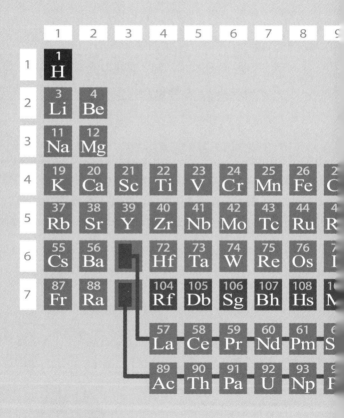

「金属」に分類される元素

「非金属」に分類される元素

注：104番以降の元素の性質は不明です。

10	11	12	13	14	15	16	17	18
								2 He
			5 B	6 C	7 N	8 O	9 F	10 Ne
			13 Al	14 Si	15 P	16 S	17 Cl	18 Ar
28 Ni	29 Cu	30 Zn	31 Ga	32 Ge	33 As	34 Se	35 Br	36 Kr
46 Pd	47 Ag	48 Cd	49 In	50 Sn	51 Sb	52 Te	53 I	54 Xe
78 Pt	79 Au	80 Hg	81 Tl	82 Pb	83 Bi	84 Po	85 At	86 Rn
110 Ds	111 Rg	112 Cn	113 Nh	114 Fl	115 Mc	116 Lv	117 Ts	118 Og

63 Eu	64 Gd	65 Tb	66 Dy	67 Ho	68 Er	69 Tm	70 Yb	71 Lu
95 Am	96 Cm	97 Bk	98 Cf	99 Es	100 Fm	101 Md	102 No	103 Lr

2

原子よりも，もっと小さい粒子がある！

原子は，素粒子ではなかった

　物理学者は，100年あまりの間，素粒子を追い求めてきました。14 ～ 15ページでみたように，まず，身のまわりの物質は，原子でできていることがわかりました。

　しかし，原子は素粒子ではありませんでした。原子は，「原子核」というさらに小さな粒のまわりを，これまた小さな粒である「電子」がまわっているという構造をしたものだったのです。この電子こそが，素粒子です。

身のまわりの物質は、わずか3種類の素粒子

　では、原子核はどうでしょう。原子核は、「陽子」と「中性子」という2種類の粒が集まったものであることがわかりました。しかし陽子と中性子も、素粒子ではありませんでした。陽子も中性子も、2種類の「クォーク」という粒が、三つ集まったものだったのです。このクォークこそ、素粒子です。

　つまり、身のまわりの物質は、わずか3種類の素粒子でつくられているのです。この多様な世界が、たった3種類の素粒子でつくられているなんて、感動しませんか？

僕の体も素粒子でできているのかな？

2 身のまわりの物質の素粒子

イラストは，身近な物質を拡大していったイメージです。どの原子も，電子とアップクォークとダウンクォークの，3種類の素粒子でできています。

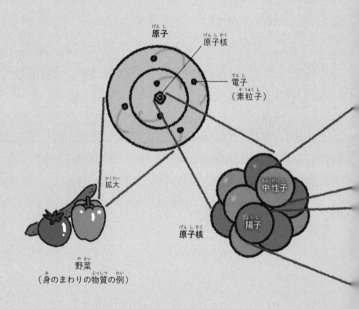

原子

原子核

電子
（素粒子）

拡大

野菜
（身のまわりの物質の例）

中性子

陽子

原子核

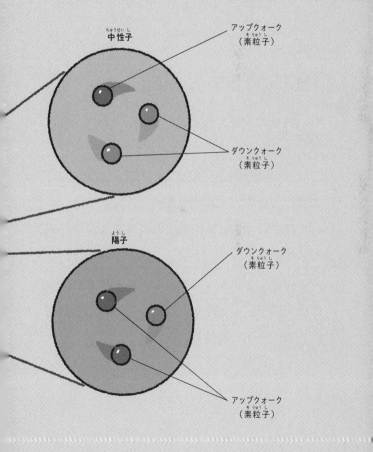

中性子
<ruby>中性子<rt>ちゅうせいし</rt></ruby>

アップクォーク
（素粒子）

ダウンクォーク
（素粒子）

陽子
<ruby>陽子<rt>ようし</rt></ruby>

ダウンクォーク
（素粒子）

アップクォーク
（素粒子）

3

素粒子の大きさは，10の 19乗分の1メートル未満

原子は， 1ミリの1000万分の1ほど

素粒子の大きさをイメージするために，まず原子の大きさを考えてみましょう。

原子の大きさは，1ミリメートルの1000万分の1ほどです（約10^{-10}メートル）。原子は，中心に原子核があり，原子核の周囲を素粒子である電子がまわっています。原子核の直径は，原子の種類にもよりますけれど，最も小さい水素の原子核（陽子1個）で，原子の10万分の1ほど（10^{-15}メートル程度）です。

原子が地球なら，
素粒子は野球のボール

　陽子や中性子は，素粒子であるクォークからできています。電子やクォークなどの素粒子は，実験的には，最大でも陽子の1万分の1程度だということがわかっています。つまり，1ミリの1兆分の1のさらに1万分の1（10⁻¹⁹メートル）未満です。

　原子を地球サイズ（直径約1万3000キロメートル）まで拡大すると，原子核は野球場，電子やクォークなどの素粒子は最大でも野球のボールくらいの大きさになります。

原子の大きさにくらべると，原子核はとても小さく，素粒子である電子やクォークは，原子核よりもさらに小さいハリ。

23

3 ▶ 原子や素粒子のスケール感

原子を地球サイズまで拡大した場合の, スケール感をえがきま
した。電子やクォークは, 考えうる最大の大きさの場合です。

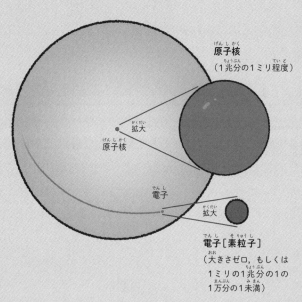

原子
（1000万分の1ミリメートル程度）

原子核
（1兆分の1ミリ程度）

拡大

原子核

電子

拡大

電子［素粒子］
（大きさゼロ, もしくは
1ミリの1兆分の1の
1万分の1未満）

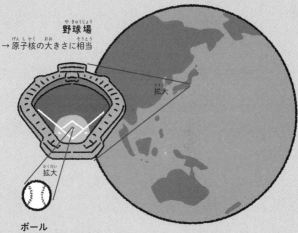

地球
（直径約1万3000キロメートル）
→ 原子の大きさに相当

野球場
→ 原子核の大きさに相当

拡大

拡大

ボール
→ 電子やクォークの
考えうる最大の
大きさに相当

超巨大！実験施設「LHC」は，1周27キロメートル

ジュネーブ郊外の地下に，巨大実験施設がある

　究極に小さい粒子である「素粒子」は，どのようにしてみつければいいのでしょうか。

　スイスのジュネーブ郊外の地下には，「LHC（Large Hadron Collider：大型ハドロン衝突型加速器）」とよばれる，円形の巨大実験施設があります。1周の長さは，JR山手線（東京都）の長さに匹敵する，27キロメートルにたっします。

　LHCを運営するのは，「CERN（ヨーロッパ合同原子核研究機構）」です。CERNは，新しい素粒子の発見などを目的として，2008年9月にLHCを完成させました。

4 LHC
エルエイチシー

上は，地下にある加速器LHCと，四つの巨大実験装置「ATLAS」「LHCb」「ALICE」「CMS」をえがいたイラストです。下は，LHCのあるスイスのジュネーブ郊外の航空写真です。加速器LHCなどの位置を示しました。

加速器LHCと四つの巨大実験装置

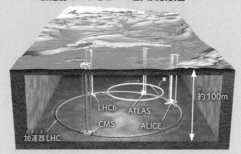

注：直方体型にくりぬいてえがいてあります。実際は，空洞にはなっていません。

加速させた粒子を，正面衝突させる

LHCは，「加速器」とよばれる実験施設です。
加速器は，電子や陽子などの電気を帯びた粒子を，真空にしたパイプの中で加速する装置です。
そして加速させた粒子どうしを正面衝突させるなどして，その際におきる現象を調べるのが，「加速器実験」です。

29〜31ページで，加速器実験で何がおきるのか，見てみましょう。

LHCの建設などにかかった総コストは，外部からの寄付も含めると，約9000億円にものぼるというぞ。
CERNの実験施設を利用している研究者は，CERNに常駐していない人まで含めると，世界中で1万人以上にのぼり，日本人もいるぞ。

5 粒子どうしを衝突させると，新たな粒子に化ける

こわれて破片になるのではない

加速器の真空にしたパイプの中で，電子や陽子は光速（秒速約30万キロメートル）近くまで加速されます。

加速器実験では，不思議なことに，加速させた粒子どうしの衝突によって，衝突前には存在しなかった粒子が新たに大量につくられます。衝突した粒子がこわれて破片になるのではなくて，衝突前には影も形もなかった粒子が発生するのです。加速器は，いわば粒子をつくりだす施設といえるでしょう。

行っているのは，
究極のなぞへの挑戦

　実際これまでに，加速器実験によって数々の新しい粒子（素粒子や複数の素粒子からなる粒子）がつくられてきました。素粒子研究の歴史は，加速器なしには語れないのです。

物理学者たちがＬＨＣで行っているのは，「宇宙を形づくっている究極の根源とは何なのか。そして，その根源はどのような性質をもつものなのか」という，究極のなぞへの挑戦です。新しい粒子の発見は，このなぞをとくかぎになるのです。

1周27キロメートルもある巨大な施設で，自然界で一番小さい素粒子の実験が行われているんだね！

5 加速器実験

加速器実験のようすをえがきました。加速器実験で，加速させた粒子どうしを衝突させると，反応前には存在しなかった粒子が大量につくりだされます。

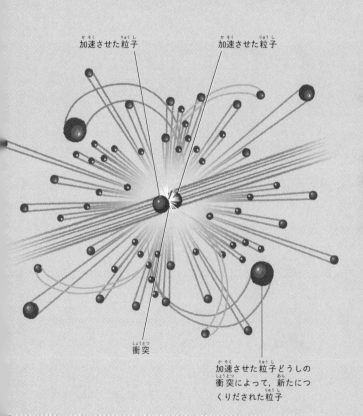

加速させた粒子

加速させた粒子

衝突

加速させた粒子どうしの衝突によって，新たにつくりだされた粒子

素粒子って何ですか？

博士，素粒子って何ですか？

素粒子とは，それ以上分割することができないと考えられる，究極に小さい粒子のことじゃ。たとえば，消しゴムをどんどん細かく切っていったら何になるかの？

小さい消しゴム，じゃなくて？ ……わかりません！

うむ。昔の人も，わからなかったんじゃ。じゃから，その粒子のことを，素粒子と名づけたんじゃ。

へぇ〜。で，何が素粒子だったんですか？

今の科学では，電子やクォークなどが素粒子だと考えられておる。ただ，電子やクォーク

がほんとうにそれ以上分割できないかどうか
は，わからん。かつては，陽子や中性子が素
粒子だと考えられたこともあった。じゃが，
陽子や中性子の中に，クォークがあったん
じゃ。

へぇ～。

クォークの名づけ親

アメリカ・ニューヨーク生まれの物理学者マレー・ゲル=マン（1929〜2019）

幼いころから優秀で15歳でエール大学に入学し、1815歳で卒業した

考古学や人類学、鳥類学などにもくわしく13の言語をあやつった

文学にも精通し読書を好んだ

「クォーク」も文学に由来する

1964年、ゲル=マンは陽子や中性子を構成する素粒子の仲間が3種類あると考えた

3種類あるようだ

ストレンジ　ダウン　アップ

『フィネガンズ・ウェイク』という小説に「クォーク」と3回鳴く鳥が出てくる

同じ3だな…。クォークと名づけよう！

クォーク　クォーク　クォーク

ゲル=マンはこの鳥の鳴き声から「クォーク」と名づけた

「＝」が重要？

ゲル＝マンは27歳でカリフォルニア工科大学の教授に

そこで物理学者のリチャード・ファインマン（1918～1988）と出会った

あるとき2人が同じテーマで論文を書こうとしていることがわかった

私が先だ

私が先だ

たがいに熱くなり子どものように悪口をいい合った

お前の名前の「＝」をとってやる

じゃあお前の名前はファイン＝マンだ

しかしファインマンががんに侵されるとゲル＝マンは毎週病床を訪れた

ファインマンにたのまれて新しい理論の解説役を引き受けた

物質を形づくる素粒子

それ以上分割することができないと考えられる，究極に小さい粒子。素粒子は，いったいどのようにしてみつかったのでしょうか。第1章では，物質を形づくる素粒子について，みていきましょう。

原子より小さい電子を発見！
素粒子研究のはじまり

物理学者たちが注目した
「放電現象」

　19世紀末までには，あらゆる物質が「原子」でできていることは知られていました。しかし，原子がさらに分割可能かどうかについてはわかっていませんでした。

　このころの物理学者たちが注目していたのは，「放電現象」です。放電現象とは，少量の気体が入ったガラス管などに高い電圧をかけると，電流が流れる現象です。蛍光灯や雷の発光も放電現象です。

1 陰極線の実験

陰極線（粒子の流れ）は，電圧をかけたり，磁石を近づけたりすると曲がります。イギリスの物理学者のジョゼフ・ジョン・トムソンは，陰極線の曲がり方をくわしく調べて，陰極線の正体が負の電気を帯びた電子であることをつきとめました。その後，電子は原子よりも圧倒的に軽い粒子であることもわかりました。

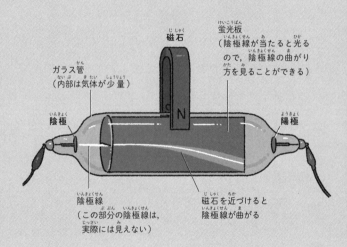

磁石

蛍光板
（陰極線が当たると光るので，陰極線の曲がり方を見ることができる）

ガラス管
（内部は気体が少量）

陰極

N

陽極

陰極線
（この部分の陰極線は，実際には見えない）

磁石を近づけると陰極線が曲がる

陰極線の正体は，「電子」だった

　放電中には，ガラス管の陽極（＋）が光を放つことから，陰極（－）から陽極（＋）に向かって，何らかのエネルギーの流れ（陰極線）が発生していると考えられました。

　イギリスの物理学者のジョゼフ・ジョン・トムソン（1856 ～ 1940）は1897年，陰極線の正体が負の電気を帯びた粒子，つまり「電子」であることをつきとめました。

　現在では，電子はそれ以上分割できない「素粒子」だと考えられています。電子は，歴史上，はじめて発見された素粒子なのです。

電子の発見によって，原子よりも小さい粒子があることがわかったのだ。

2 なぜか一部がはじかれる。 金箔に放射線を当てる実験

原子の中には, 正の電気があるはず

　原子の中には, 負の電気を帯びた電子があることがわかりました。しかし原子は普通, 電気を帯びておらず, 電気的に中性です。**つまり原子の中には, 電子の負の電気を打ち消す, 正の電気がなければならないことになります。**

　このなぞに挑むべく, ニュージーランド生まれの物理学者のアーネスト・ラザフォード（1871〜1937）の助手らによって, 金箔に「アルファ線」という放射線を当てる実験が行われました。

一部のアルファ線は，
進行方向を変えられた

　　金箔にアルファ線を当てる実験では，多くのアルファ線が金箔を貫通しました。一方で，意外なことに，一部のアルファ線は金箔に大きく進行方向を変えられ，中にはほぼ正反対の方向にはじき返されたものもありました。

　　ラザフォードは，「ティッシュに撃ちこんだ弾丸がはね返ってきた」と，そのおどろきを表現したといいます。いったいこれは，何を意味するのでしょうか？　（答は44ページ）

注：アルファ線の正体は，ヘリウムという元素の原子核です。多数のヘリウム原子核が高速で流れているものが，アルファ線です。

2 金箔に放射線を当てる実験

金箔にアルファ線を当てる実験の，全体像をえがきました。多くのアルファ線が金箔を貫通する一方で，一部のアルファ線は金箔に進行方向を変えられました。

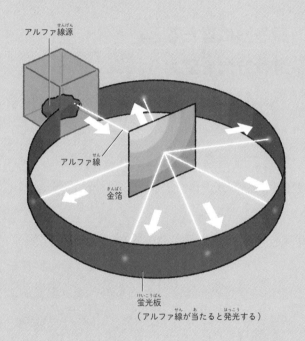

アルファ線源

アルファ線

金箔

蛍光板
（アルファ線が当たると発光する）

たしかに，弾丸がはじかれたように見えるね！

3 原子の中心には, 小さくて重い原子核がある

原子核に当たると, 進行方向を変えられる

　目の粗い鉄格子に, ボールを投げることを想像してみてください。多くのボールは鉄の棒の間を通って, 素通りします。しかし何度かに1回は, ボールは棒に当たって大きく進行方向を変えられます。

　アルファ線を使った実験も, 同じように考えることができます。「原子の中心には, 小さくて重い粒子である原子核があり, そこに当たった場合にだけ, アルファ線は大きく進行方向を変えられる。それ以外の場合は, スカスカな原子を素通りする」。そう考えると, つじつまが合うのです。

3 金箔の拡大図

金箔にアルファ線を当てる実験をしている最中の，金箔部分を拡大してえがきました。直進してきたアルファ線は，金の原子核に当たった場合にだけ，進行方向を変えられます。

アルファ線

金の原子

金の原子核

重い原子核の周囲に，軽い電子がまわっている

　原子核の周囲には，電子が存在します。しかし電子は圧倒的に軽いので，アルファ線はほとんど影響を受けません。疾走するトラック（アルファ線に相当）に，野球のボール（電子に相当）が当たっても，進行方向に影響がないようなものです。

　この実験の考察によって，ラザフォードは1911年，「原子の中心には，正の電気をもつ重い原子核が存在し，その周囲に軽い電子がまわっている」ということを明らかにしました。

ラザフォードは1908年，放射性物質の研究についての業績で，ノーベル化学賞を受賞しているハリ。

4 さらに原子核は，陽子と中性子でできている

陽子だけでは，説明できない事実がある

　原子核は，正の電気をもっています。単純に考えると，原子核は正の電気を帯びた粒子である「陽子」が，複数集まったものだといえそうです。しかしこの考え方では，説明できない事実があります。

　たとえばヘリウムの原子核は，水素の原子核の2倍しか電気を帯びていないのに，質量は4倍もあるのです。

電気的に中性で，質量は陽子とほぼ同じ粒子

　1932年，ラザフォードの教え子だったイギリスの物理学者のジェームズ・チャドウィック（1891 ～ 1974）は，ある種の金属にアルファ線を撃ちこんだ際に発生する，未知の放射線について調べました。

　この放射線の正体は，金属の「原子核の破片」と考えられました。そしてこの放射線は，電気的に中性な粒子の流れであり，しかも粒子の質量は陽子とほぼ同じであることがわかりました。

　この粒子は，「中性子」と名づけられました。つまり原子核は，正の電気を帯びた陽子と，電気を帯びていない中性子という，2種類の粒子からできていることがわかったのです。

4 中性子の発見

アルファ線をベリリウムという金属に当てると，電気的に中性な放射線が発生します。このような実験から，原子核の中には中性の粒子である「中性子」が存在することがわかりました。

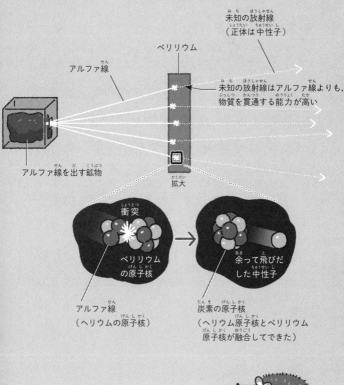

未知の放射線
（正体は中性子）

ベリリウム

アルファ線

未知の放射線はアルファ線よりも，物質を貫通する能力が高い

アルファ線を出す鉱物

拡大

衝突

ベリリウムの原子核

アルファ線
（ヘリウムの原子核）

余って飛びだした中性子

炭素の原子核
（ヘリウム原子核とベリリウム原子核が融合してできた）

余った中性子が，飛びだしたハリ！

奇妙な粒子が，
たくさんみつかってきた

1950年前後から，「宇宙線」の観測や加速器での実験によって，陽子でも中性子でも電子でもない，奇妙な粒子がたくさんみつかってきました。

これらの粒子は，重さなどの性質が，陽子や中性子，電子とはことなっていたのです。そのため，これらの粒子のすべてが素粒子というわけではないだろう，と考えられるようになっていきました。

5 宇宙線で生じる奇妙な粒子

宇宙線が大気中の窒素や酸素などの分子とぶつかって，大量の2次宇宙線を生みだす様子をえがきました。2次宇宙線は，さらに多くの宇宙線を生みだします。右端にえがいた「シグマ粒子」は，宇宙線の観測で1952年に発見された，奇妙な粒子の例です。

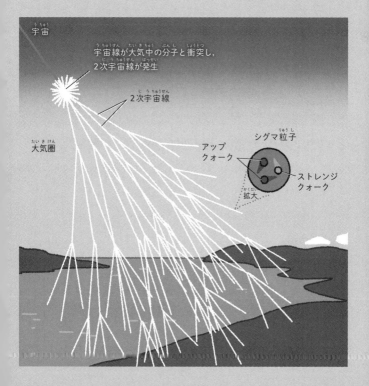

宇宙

宇宙線が大気中の分子と衝突し，
2次宇宙線が発生

2次宇宙線

大気圏

シグマ粒子

アップ
クォーク

ストレンジ
クォーク

拡大

「陽子もどき」や「中性子もどき」の粒子

　宇宙線とは，宇宙由来の放射線のことで，その正体は主に高速で飛来してきた陽子です。

　宇宙線が，地球の大気中の窒素分子や酸素分子と衝突すると，さまざまな粒子からなる「2次宇宙線」が大量に生じます。この現象は，天然の加速器実験のようなもので，加速器実験でさまざまな粒子が発生することと本質的には同じです。この2次宇宙線の中に，「陽子もどき」や「中性子もどき」の粒子が多数みつかりました。

シグマ粒子のような「陽子もどき」や「中性子もどき」の粒子が，宇宙線の観測や加速器実験によって多数見つかったことが，クォークの存在の理論的な予測につながったのだ。

6 陽子と中性子は，三つの「クォーク」でできている！

陽子や中性子は，より小さな素粒子の集まり

1964年，アメリカの物理学者のマレー・ゲル＝マン（1929 〜 2019）とジョージ・ツバイク（1937 〜 2006）は，陽子や中性子，そして陽子や中性子に似た粒子たちは，より小さな素粒子が集まってできているという説を，それぞれ別々に提唱しました。そしてゲル＝マンは，この素粒子を「クォーク」と命名しました。

ゲル＝マンは，1969年にノーベル物理学賞を受賞しているハリ。

クォークの存在が，
実験的に裏づけられた

　ゲル＝マンは，3種類のクォークの存在を予言しました。**しかし現在では，6種類のクォークがあることがわかっています。**

　1960年代には，ラザフォードが原子核を発見した方法に似た実験によって，クォークの存在が実験的に裏づけられました。陽子や中性子に高速の電子をぶつけることで，陽子や中性子の中に小さな粒，つまりクォークが存在することがわかったのです。

　こうして，原子核を構成する陽子と中性子は，三つのクォークでできていることが明らかにされました。

6 クォークの仲間

陽子と中性子は，アップクォークとダウンクォークという，2種類のクォークからできています。下段には，クォークの仲間の素粒子をえがきました。

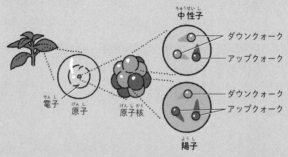

中性子
ダウンクォーク
アップクォーク

ダウンクォーク
アップクォーク

電子
原子
原子核
陽子

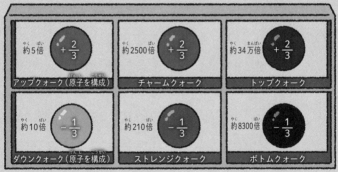

アップクォーク（原子を構成）	チャームクォーク	トップクォーク
約5倍 $+\dfrac{2}{3}$	約2500倍 $+\dfrac{2}{3}$	約34万倍 $+\dfrac{2}{3}$

ダウンクォーク（原子を構成）	ストレンジクォーク	ボトムクォーク
約10倍 $-\dfrac{1}{3}$	約210倍 $-\dfrac{1}{3}$	約8300倍 $-\dfrac{1}{3}$

各素粒子の横の数値は，電子の質量（9.1×10^{-28} グラム）と比較して，約何倍かを示したものです。素粒子の球の中に示した数値は，帯びている電気の量（電荷）で，電子の電荷を－1とした場合の値です。上段のクォークは正（＋）の電気を帯び，下段のクォークは負（－）の電気を帯びています。

ツバイクの「エース」

アメリカの物理学者のマレー・ゲル＝マンとジョージ・ツバイク。2人は1964年，それぞれ別々に，陽子や中性子の中にさらに小さな素粒子が含まれていることを，理論的に予言しました。

ゲル＝マンが陽子や中性子を構成する素粒子を「クォーク」と名づけたのに対して，**ツバイクは「エース」と名づけました。ツバイクは，粒子は全部で4種類あると考えていました。そのため，「スペード」「ハート」「ダイヤ」「クラブ」の4種類のマークがあるトランプにちなんで，粒子をエースと名づけたのです。**

ツバイクは，エースの論文をアメリカの権威ある学術雑誌の『フィジカル・レビュー』に送ったものの，掲載は却下されてしまいました。一方のゲル＝

マンは，クォークの論文をCERNの学術雑誌の『フィジクス・レターズ』で発表。このような経緯もあって，クォークのよび名が広まったといわれています。

7 何か出てる…。未知の素粒子の存在が予言された

電子とよく似た素粒子が発見された

　宇宙線の観測や加速器実験では，電子とよく似た，負の電気を帯びた素粒子も発見されました。「ミュー粒子（ミューオン）」と「タウ粒子」です。1937年に宇宙線の観測によって電子の約210倍の質量のミュー粒子が，1975年に加速器実験によって電子の約3500倍の質量のタウ粒子が発見されたのです。

観測装置をすり抜ける，未知の素粒子

　一方，放射性物質がおこす「ベータ崩壊」という現象を説明するため，スイスの物理学者のヴ

58

7 ベータ崩壊

ベータ線を出す「ベータ崩壊」という現象をえがきました。パウリは，観測装置にかからない未知の素粒子（ニュートリノ）が放出されていると考えました。

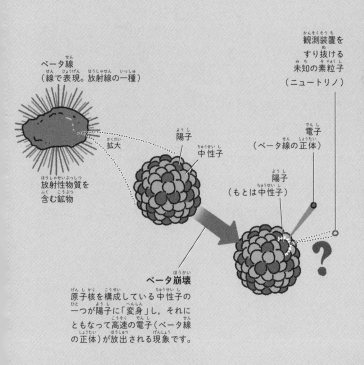

観測装置を
すり抜ける
未知の素粒子
（ニュートリノ）

ベータ線
（線で表現。放射線の一種）

拡大

陽子
中性子

電子
（ベータ線の正体）

放射性物質を
含む鉱物

陽子
（もとは中性子）

ベータ崩壊

原子核を構成している中性子の
一つが陽子に「変身」し，それに
ともなって高速の電子（ベータ線
の正体）が放出される現象です。

オルフガング・パウリ（1900 〜 1958）は1930年，観測装置をすり抜ける未知の素粒子の存在を理論的に予言しました。ベータ崩壊とは，放射性物質の原子核が，「ベータ線」という高速の電子を放出する現象です。

　当時，ベータ崩壊の前後で，「エネルギー保存則」が成り立っていないようにみえることが大問題となっていました。エネルギー保存則とは，化学反応であろうが，核反応であろうが，「反応の前後でエネルギーの総量は増減せずに一定である」というもので，物理学の最重要法則の一つといえます。ベータ崩壊では，反応後のエネルギーの総量が，反応前よりも減っているようにみえたのです。

エネルギー保存則が成り立たない原因は，未知の素粒子にあると考えたのだ。

8 「ニュートリノ」発見！ そして電子の仲間は6種類

未知の素粒子が, エネルギーを持ち逃げ

パウリは, ベータ崩壊の際には, 観測装置をすり抜ける未知の素粒子が, 電子と同時に放出されていると考えました。未知の素粒子がエネルギーを持ち逃げしているだけで, 反応後のエネルギーの総量は, 反応前よりも減っているわけではないと考えたのです。そうであれば, エネルギー保存則は成り立っています。

パウリ自身は, 未知の素粒子を観測することは不可能だと考えていました。しかし1950年代には, 原子炉で発生する未知の素粒子が実際に発見され, 予言の正しさが裏づけられました。

電気を帯びておらず，電子よりも軽い

パウリが予言した未知の素粒子は，現在「ニュートリノ」とよばれる素粒子でした。ニュートリノは，電気を帯びておらず，電子よりも圧倒的に軽い素粒子です。

その後，ニュートリノには3種類あることがわかり，結局，ニュートリノを含めた電子の仲間（レプトン）は，現在では6種類存在することがわかっています。

クォークの仲間の素粒子が6種類，電子の仲間の素粒子が6種類。合計12種類の素粒子が，物質を形づくる素粒子の仲間なのだ。

8 電子の仲間

電子の仲間の素粒子をえがきました。

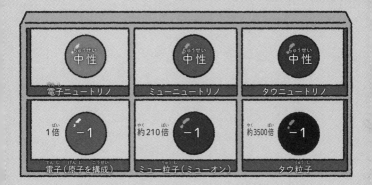

中性	中性	中性
電子ニュートリノ	ミューニュートリノ	タウニュートリノ
1倍 −1	約210倍 −1	約3500倍 −1
電子（原子を構成）	ミュー粒子（ミューオン）	タウ粒子

各素粒子の球の中に示したのは，帯びている電気の量（電荷）です。上段のニュートリノは電気を帯びておらず（中性），下段の素粒子は同じ量の負（−）の電気を帯びています。下段の各素粒子の横の数値は，電子の質量（9.1×10^{-28} グラム）と比較して，何倍かを示したものです。上段のニュートリノの質量は，電子よりもきわめて軽いことがわかっているものの，値はわかっていません。

地球もビルも手のひらも。
ニュートリノはすり抜ける

1平方センチの面積を，
1秒間に660億個

　ニュートリノは，私たちのそばにも大量に存在しています。地球上では太陽起源のニュートリノが，1平方センチメートルの面積を1秒間に660億個も通り抜けています。

　ニュートリノは，地球すらも容易にすり抜ける不思議な素粒子です。いったいなぜこんなことが可能なのでしょうか。

ニュートリノは，宇宙誕生のビッグバンの際にも発生したとされ，その数は宇宙の原子1個あたり約20億個にものぼるというハリ。

電気的な引力や反発力は受けない

　電気的な引力や反発力は，はなれていてもは
たらきます。電子などの電気を帯びた粒子は，
原子をすり抜けようとしても，原子核などから電
気的な引力や反発力を受けます。そのため，進
行方向を変えられるなどの変化がおき，そのまま
すり抜けることはできません。

　一方ニュートリノは，電気を帯びていないの
で，電気的な引力や反発力は受けません。しか
もニュートリノは，素粒子なので大きさがきわ
めて小さく，原子の中の電子やクォークと衝突
することがきわめてまれです。そのため，原子，
さらには地球すら，容易にすり抜けてしまうの
です。

9 ニュートリノ

ニュートリノは，何でもすり抜けます（A）。電気を帯びていないので，原子核などから電気的な引力や反発力を受けません（B2）。

A. 何でもすり抜けるニュートリノ

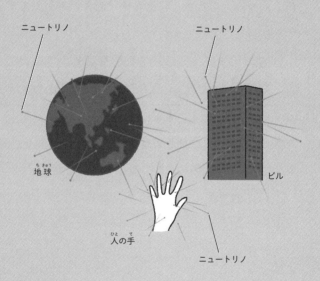

ニュートリノ

ニュートリノ

地球

ビル

人の手

ニュートリノ

B. ニュートリノが物質をすり抜けられる理由

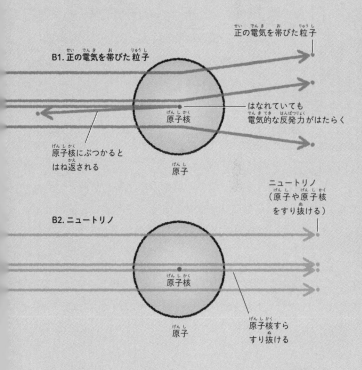

B1. 正の電気を帯びた粒子

正の電気を帯びた粒子

はなれていても
電気的な反発力がはたらく

原子核

原子核にぶつかると
はね返される

原子

ニュートリノ
（原子や原子核
をすり抜ける）

B2. ニュートリノ

原子核

原子

原子核すら
すり抜ける

注：イラストでは，原子核の大きさを誇張しています。

ニュートリノって何ですか？

博士，ニュートリノって何ですか？

ふむ。ニュートリノは，何でも通り抜けてしまう，不思議な素粒子じゃ。いまこの瞬間にも，無数のニュートリノが，わしらの体や地球を通り抜けておる。

えっ，全然気づかなかった！

うむ。目や耳，皮膚の細胞なんかも，何事もなく通り抜けてしまうから，感じとることができないんじゃ。

へぇ～。ニュートリノは，「新しいトリノ」ですか？「ニュ～＋トリノ」で，新しいトリノ？

ふぉっふぉっふぉっ。「ニュートラル＋イノ」

でニュートリノじゃ。ニュートラルは英語で電気的に中性という意味，イノはイタリア語で小さいという意味じゃ。電気的に中性で小さいから，何でも通り抜けられるんじゃよ。

 へぇ～。そうなんだ。

帯びている電気の正負が正反対の「反粒子」

電子の反粒子の存在を予言

ここまでに紹介してきた素粒子たちには，ペアとなる「反粒子」が存在します。反粒子とは，元の粒子と質量が完全に同じで，帯びている電気の正負が反対である粒子のことです。

1928年，イギリスの物理学者のポール・ディラック（1902〜1984）は，電子などをあつかうために必要なミクロな世界の物理法則である「量子力学」と，時間と空間の理論である「特殊相対性理論」を融合する理論をつくりました。ディラックはこの理論にもとづき，電子の反粒子である「陽電子（反電子）」の存在を予言したのです。そして1932年，宇宙線の観測によって，実際に陽電子が発見されました。

反原子をつくることも，原理的には可能

クォークにも，反粒子は存在します。反アップクォークと反ダウンクォークからは，反陽子や反中性子をつくれます。反陽子と反中性子，陽電子が集まれば，さまざまな反原子をつくることも，原理的には可能です。

ポール・ディラックは，量子力学の発展に貢献し，その業績によって，1933年にノーベル物理学賞を受賞しているのだ。

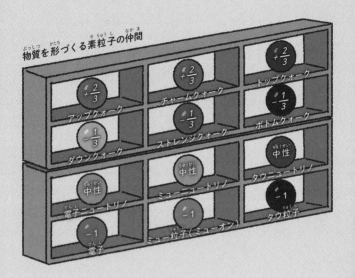

物質を形づくる素粒子の仲間

物質を形づくる素粒子の仲間と, それらと
ペアになる反粒子の仲間をえがきました。

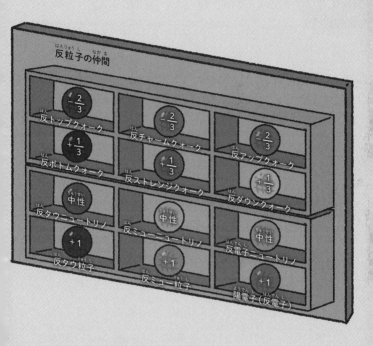

反粒子は，仮想的な鏡に映した像としてえがきました。
各素粒子の球の中に示したのは，帯びている電気の量
（電荷）です。

11 粒子と反粒子が出会うと，あとかたもなく消滅する

反物質は，普通の物質と区別がつかない

理論的には，反原子をつくることができるならば，反原子を結合させて，さまざまな反物質（反粒子でできた物質）をつくることができると考えられます。反水や反塩，反砂糖だってつくることができるはずです。

こうしてできた反物質は，見かけ上，普通の物質と区別がつかないと考えられています。実際，巨大加速器ＬＨＣを有するCERNでは，反水素原子などの人工合成に成功していますが，反水素原子は水素原子とそっくりなことがわかっています。

11 対消滅

対消滅のイメージをえがきました。ペア（対）の関係にある電子と陽電子（反電子）がぶつかると，膨大なエネルギーを放出して，両者はあとかたもなく消えてしまいます。人間と，反粒子だけでできた「反人間」が触れても，同じことがおきると考えられます。

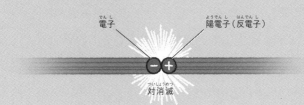

電子

陽電子（反電子）

対消滅

人間

反粒子だけでできた「反人間」

対消滅

もし僕とそっくりの「反人間」がいても，握手はしないほうがよさそうだね。

素粒子が反粒子と出会うと，消滅する

反粒子は，非常に不思議な現象を引きおこします。それが，「対消滅」とよばれる現象です。

ペア（対）の関係にある素粒子と反粒子，たとえば電子と陽電子（反電子）は，ぶつかると双方とも消滅してしまいます。そしてそのかわりに，膨大なエネルギーが，光のエネルギーなどの形で放出されるのです。

電子と陽電子は，素粒子であり，それ以上分割できないと考えられています。そのため対消滅とは，電子や陽電子が粉々にくだける現象ではありません。文字通り，あとかたもなく消えてしまうのです。

12 もともと粒子と反粒子は，同じ数だけあったはず

身のまわりの物質に，反粒子は含まれていない

　普通の素粒子と反粒子の間には，優劣はありません。しかし，身のまわりの物質には，反粒子が含まれていません。反物質でできた天体も，みつかっていません。なぜなのでしょうか？

　反粒子をつくりだす方法として，対消滅とは逆の「対生成」という現象があります。たとえば，原子核に高エネルギーの光であるガンマ線を当てると，電子と陽電子（反電子）のペア（対）が生じます（79ページのイラスト）。

素粒子と反粒子は，
同じ数だけ発生した

宇宙誕生のビッグバンの際には，普通の素粒子と反粒子が，大量に発生したと考えられています。物理学者たちは，素粒子と反粒子に優劣はないことから，同じ数だけ発生したと考えるのが自然だと考えています。

ビッグバン直後の宇宙には，高エネルギーの光も大量に存在していました。そのため，対生成と対消滅が，あちこちでおきていたと考えられています。

素粒子と反粒子は，対消滅するだけでなくて，対生成もするハリ！

78

12 対生成

対生成の例をえがきました。原子核に高エネルギーの光である
ガンマ線を当てると，電子と陽電子（反電子）が対生成します。
ガンマ線のエネルギーが，電子と陽電子の質量に転化したの
です。

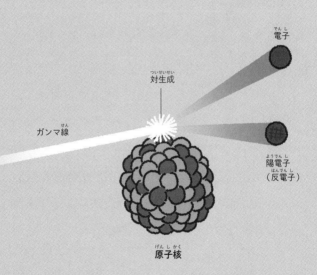

電子

対生成

ガンマ線

陽電子
（反電子）

原子核

対消滅によって，すべて無くなってしまいそう

　ビッグバンのあと，宇宙が膨張をつづけ，温度が下がってくると，対生成をおこす高エネルギーの光がなくなってきます。すると対生成はおきず，対消滅ばかりがおきるようになります。単純に考えると，普通の素粒子と反粒子は同数だけ発生したのですから，対消滅によってすべてが無くなってしまいそうです。

どうして，反粒子だけ消えてしまったんだろう？

80

幸運な素粒子で, 現在の宇宙はできている

しかし現実の宇宙には, 大量の物質が残っています。これは素粒子物理学にとって, 最大の謎の一つとされており, 理論的, 実験的に研究がつづけられています。

普通の素粒子はビッグバン後, 対生成と対消滅以外の何らかのメカニズムによって, 反粒子よりも数が多くなったと考えられています。そして数が多くなった分の普通の素粒子が, 対消滅をまぬかれたと考えられています。理論的には, 対消滅をまぬかれた素粒子は, 10億個のうちわずか2個程度だったといいます。このわずかな幸運な素粒子で, 現在の宇宙はできていると考えられているのです。

13 ビッグバンのあとの対消滅

ビッグバンのあとの宇宙で対消滅する素粒子と反粒子（A）
と，対消滅をまぬかれた普通の素粒子（B）をえがきました。

A. 対消滅する素粒子と反粒子

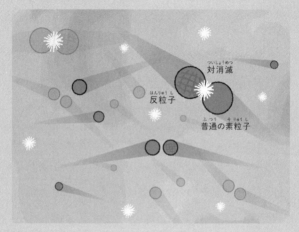

対消滅

反粒子

普通の素粒子

B. 対消滅をまぬかれた普通の素粒子

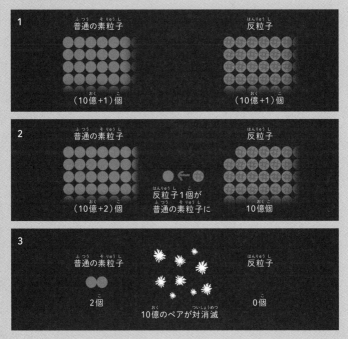

1

普通の素粒子 　　　　　　　　　　　反粒子

（10億＋1）個 　　　　　　　　　　（10億＋1）個

2

普通の素粒子 　　　　　　　　　　　反粒子

←

反粒子1個が
普通の素粒子に

（10億＋2）個 　　　　　　　　　　10億個

3

普通の素粒子 　　　　　　　　　　　反粒子

2個 　　　　　　　　　　　　　　　0個

10億のペアが対消滅

これが，現在までに確認されている素粒子！

クォークの仲間と，電子の仲間がある

　ここで，現在までに確認されている，素粒子たちをまとめてみましょう。

　身近な物質は，さまざまな原子でできています。そしてすべての原子は，たった3種類の素粒子でできています。「電子」「アップクォーク」「ダウンクォーク」です。話がこれで終われば簡単だったのですけれど，物理学者たちは，これらにたくさんの仲間があることを明らかにしてきました。クォークの仲間と，電子の仲間です。

力は「力を伝える素粒子の仲間」が伝える

　ここまでみてきた「物質を形づくる素粒子の仲間」は，いわば自然界の役者です。役者たちがただ存在するだけでは，自然界という劇は進みません。役者たちがたがいに影響をおよぼしあうことで，はじめて劇は進むのです。影響とは，素粒子間にはたらく「力」のことです。実はこういった力は，物質を形づくる素粒子の仲間とは別の，「力を伝える素粒子の仲間」によって伝えられます。次の章では，力を伝える素粒子についてみていきましょう。

宇宙のしくみを理解するには，素粒子という「役者」を知るだけでは足りないぞ。役者たちが，どのように影響をおよぼしあい，自然界という「劇」を成立させているのかを知る必要があるのだ。

物質を形づくる素粒子の仲間

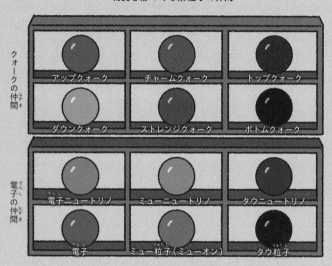

クォークの仲間
- アップクォーク
- チャームクォーク
- トップクォーク
- ダウンクォーク
- ストレンジクォーク
- ボトムクォーク

電子の仲間
- 電子ニュートリノ
- ミューニュートリノ
- タウニュートリノ
- 電子
- ミュー粒子（ミューオン）
- タウ粒子

力を伝える素粒子の仲間

電磁気力	γ
	光子（光の素粒子）
弱い力	W
	ウィークボソン
強い力	g
	グルーオン
重力	G
	重力子（未発見）

帯びた電気が逆の「反粒子」

電子 ⊖　　⊕ 陽電子
（反電子）

質量をあたえる素粒子

ヒッグス粒子

批評家でもある科学者

スイスの物理学者の
ヴォルフガング・パウリ
（1900〜1958）

まだみつかって
いない素粒子が
あるはず

ニュートリノの存在を
理論的に予言した

1945年にノーベル
物理学賞を受賞

これは
まちがっている！

物理学者として
一流であると同時に
批評家の面もあった

同時代の物理学者は
パウリから容赦ない
批評を受けた

ポイ

レベルの低い論文には
「まちがってさえもいない」
と辛辣だった

しかしパウリの批評を
受けて改善をはかり
成功するものもいた

批評を
お願い
します

しだいに「パウリなら
何というだろうか」と
批評を求められる
ようになった

パウリ効果

パウリは頭脳明晰な一方で不器用だった

運転教習は100回受けたという逸話もある

実験室では機材をよくこわした

しだいにパウリが近づくだけでこわれるとうわさされ「パウリ効果」とよばれた

あるときパウリの乗る列車がドイツのゲッティンゲンに到着した

そのときゲッティンゲンにある研究室で爆発がおきたという

第2章

力を伝える
素粒子

第1章では，物質を形づくる素粒子をみてきました。その物質を形づくる素粒子の間にはたらく力は，力を伝える素粒子によって伝えられます。第2章では，力を伝える素粒子について，みていきましょう。

宇宙には，四つの基本的な力があるらしい

「重力」「電磁気力」「強い力」「弱い力」の4種類

私たちの住む地球，太陽系，そして広大な宇宙には，基本的な四つの力があるといいます。四つの力とは，「重力」「電磁気力」「強い力」「弱い力」の4種類です。

重力は，地球が月を引きつけるように，質量をもつ物が相手を引きつける力です。電磁気力は，静電気をおびた下敷きが髪を引きつけるように，電気や磁気をもつ物が相手を引きつけたり遠ざけたりする力です。強い力は，原子核の中の陽子と中性子がたがいに引きつけあう力。弱い力は，中性子がひとりでに陽子に変わるように，変化を引きおこす力だといいます。

たった四つの力で説明できてしまう

　私たちが日ごろ経験する力には，数えきれないほどいろいろな力があります。**それが，たった四つの力で説明できてしまうというのです。**このおどろくべき事実にたどりつくまでには，物理学者の長い研究の歴史がありました。非常に数少ない力ですべてのものを説明しようというのが，物理学の方向性なのです。

注：強い力の「強い」とは，電磁気力よりも強いという意味です。
　　弱い力の「弱い」とは，電磁気力よりも弱いという意味です。

物理学者はさまざまな現象を観察し，分析して，法則にまとめてきた。そして，ついにたどりついたのが，基本的な四つの力なのだ。

1 基本的な四つの力

宇宙にある基本的な四つの力，重力，電磁気力，強い力，弱い力のイメージをえがきました。この四つの力で，さまざまな物理現象を説明できると考えられています。

A. 重力

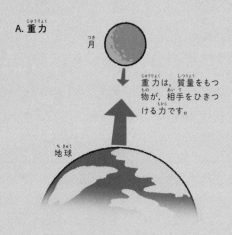

月

重力は，質量をもつ物が，相手をひきつける力です。

地球

B. 電磁気力

静電気

電磁気力は，電気や磁気をもつ物が，相手を引きつけたり遠ざけたりする力です。

C. 強い力

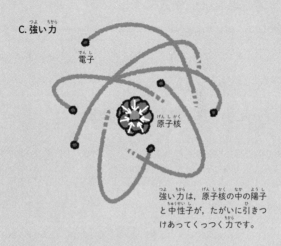

電子

原子核

強い力は，原子核の中の陽子と中性子が，たがいに引きつけあってくっつく力です。

D. 弱い力

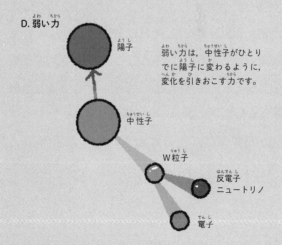

陽子

弱い力は，中性子がひとりでに陽子に変わるように，変化を引きおこす力です。

中性子

W粒子

反電子
ニュートリノ

電子

2 地球の重力は，リンゴも月も引きつける

ニュートンが，「万有引力の法則」を発見

　四つの力のうち，最も身近なものは「重力」でしょう。私たちは常に重力を受けているため，普段は気にすることさえありません。

　イギリスの天才科学者のアイザック・ニュートン（1642 ～ 1727）は，リンゴが木から落ちるという地上の現象と，月が地球のまわりをまわるという天上の現象が，どちらも同じ力によるものであることを見抜き，「万有引力の法則」を発見しました。ニュートンは，質量をもつすべての物の間には，物の質量に比例した万有引力（重力）がはたらくことを明らかにしたのです。

2 地球のまわりの重力

万有引力の法則によると, 重力の大きさは距離の2乗分の1に比例します。イラストは, 地球の重力を「重力の力線」であらわしたものです。A, B, Cの図形は, 同じ9本の力線がつらぬく相似な図形です。力線の密度から, 地球の重力は距離が2倍になると4分の1になり, 距離が3倍になると9分の1になることがわかります。

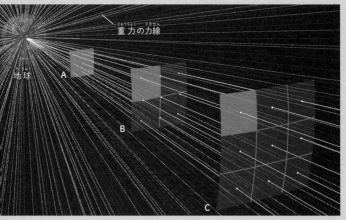

重力の力線

地球

A

B

C

A：地球の中心からの距離1, 面積1。面積1あたりの力線は9本です。

B：地球の中心からの距離2, 面積4。面積1あたりの力線は2.25本で, 重力はAの4分の1です。

C：地球の中心からの距離3, 面積9。面積1あたりの力線は1本で, 重力はAの9分の1です。

地上の世界と天上の世界を一つにまとめた

　たとえば，人工衛星の質量を2倍にすると，地球と人工衛星の間にはたらく重力の大きさは2倍になり，地球と人工衛星の距離を3倍にすると，地球と人工衛星の間にはたらく重力の大きさは9分の1（[3×3]分の1）になる，というのが万有引力の法則です。

　ニュートンは，この万有引力の法則によって，地上の世界と天上の世界を一つにまとめたことになります。

距離が遠くなるほど，重力は小さくなるハリ。

― 重力 ―

3 結局，重力とは何？よくわかっていない

アインシュタインが，「一般相対性理論」を発表

ニュートンが「万有引力の法則」を発見したのに対して，ドイツの天才物理学者のアルバート・アインシュタイン（1879 ～ 1955）は，1915 ～ 1916年に時間と空間と重力の理論である「一般相対性理論」を発表しました。そして，質量をもつ物のまわりの時空はゆがんでいるとのべました。ゆがんだ時空が，その中にある物に影響をおよぼして，移動させる（落下させる）というのです。

重力を伝える「重力子」が存在するのでは

　アインシュタインは，太陽のまわりを惑星たちが同じように楕円運動するのは，太陽のまわりの時空がゆがんでいるからだと考えました。地球も木星も，自分はまっすぐ進んでいるつもりだけれども，時空がゆがんでいるので曲がってしまうというわけです。

　実は，重力の正体については，いまも明らかにされていません。 現代の素粒子物理学者は，重力を伝える「重力子」とよばれる素粒子が存在するのではないかと考えています。しかし重力子は，未発見です。

アインシュタインは，重力とは，空間が曲がっているということなんだと考えたんだね。

3 重力の二つのイメージ

ニュートンが考えた重力のイメージ（A）と，アインシュタインが考えた重力のイメージ（B）をえがきました。

A. ニュートンが考えた重力のイメージ

ニュートンは，太陽と地球の間で万有引力（重力）がはたらくことを明らかにしました。しかし，万有引力がなぜ生じるかについては何も説明しませんでした。

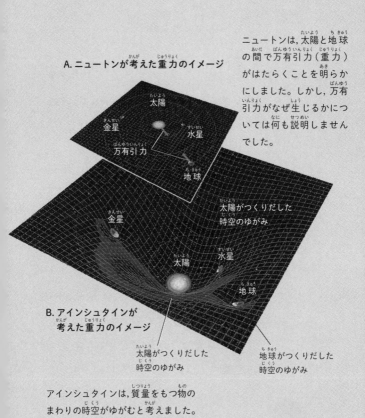

太陽
金星
水星
万有引力
地球

太陽がつくりだした
時空のゆがみ

金星
太陽
水星
地球

**B. アインシュタインが
考えた重力のイメージ**

太陽がつくりだした
時空のゆがみ

地球がつくりだした
時空のゆがみ

アインシュタインは，質量をもつ物の
まわりの時空がゆがむと考えました。
そしてゆがんだ時空が，その中にある
物に影響をおよぼすと考えました。

101

質量って何ですか？

博士，質量って何ですか？

ふむ。質量は，簡単にいうと，「物体の動かしにくさの度合い」のことじゃ。それに対して重さは，「物体にはたらく重力の大きさ」のことじゃよ。

質量と重さのちがいがわかりません。

重さは，重力の強さがちがう場所では，変化する。たとえばわしの体の重さは，重力が地球の6分の1しかない月では地球の6分の1になり，無重力の宇宙空間ではゼロになる。でも体の質量は，地球でも月でも無重力の宇宙空間でも，変わらないんじゃ。

どういうことですか？

102

無重力の宇宙空間で，宇宙船の重さがゼロになっても，手で動かすのはむずかしい。質量は変わらないからの。

そうなんだ。

4 別のものだと思われていた，磁石の力と電気の力

磁力を生みだす性質を，「磁場」という

　ここからは，磁石の力と電気の力についてみていきましょう。

　磁石のまわりに砂鉄をまくと，磁石のN極とS極を結ぶ曲線があらわれます。この線は「磁力線」とよばれます。磁力線は，場所によって磁力のはたらく向きや大きさが決まっていることを示しています。磁力線が生じた空間がもつ，磁力を生みだす性質を，「磁場」といいます。

❹ 磁力線と電気力線

磁石のまわりの磁力線（A）と，電気をもつもののまわりの電気力線（B）をえがきました。

A. 磁力線

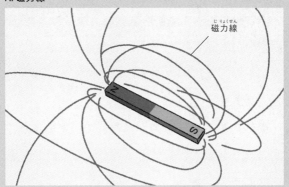

磁力線

B. 電気力線

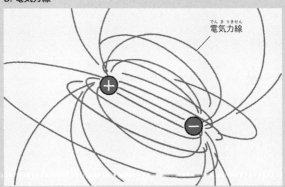

電気力線

電気の力を生みだす性質を，「電場」という

同じように，プラスの電気を帯びたものとマイナスの電気を帯びたもののまわりに木くずをまくと，まかれた木くずが静電気の力を受けて並び，「電気力線」をつくります。電気力線が生じた空間がもつ，電気の力を生みだす性質を，「電場」といいます。

磁石の力や電気の力がはなれていてもはたらくのは，磁場や電場が，その中にある物に影響をおよぼすためです。

昔は電気の力と磁石の力は，それぞれちがうものだと思われていました。しかし実は，一つのものだということがわかりました。

― 電磁気力 ―

5 磁石の力と電気の力は、まとめて「電磁気力」

磁石を使って、電気をつくれる

導線に電流を流すと、導線のまわりに磁場ができます。導線の下に置いておいた方位磁石のN極は、磁場の向きと同じ方向を指します。デンマークの物理学者で化学者のハンス・エルステッド（1777〜1851）が、1820年に発見しました。

イギリスの化学者で物理学者のマイケル・ファラデー（1791〜1867）は、1831年に、磁石を使って電気をつくれることを発見しました。「電磁誘導の法則」です。こうした発見から、磁石の力と電気の力は関係がありそうだということがわかってきました。

磁気と電気の関係が，方程式にまとめられた

　磁石の力と電気の力が本質的に同じものだと見抜いたのは，イギリスの物理学者のジェームズ・クラーク・マクスウェル（1831～1879）です。マクスウェルは，1864年に，磁気と電気の関係を「マクスウェルの方程式」にまとめました。こうして磁石の力と電気の力は「電磁気力」としてまとめて理解され，電磁気力は「電磁場」によって伝えられると考えられるようになったのです。

右のイラストの電磁誘導は，発電所でも利用されているのだ。

5 磁石の力と電気の力の関係

磁石の力と電気の力の関係をえがきました（A，B）。Bは，「電磁誘導」とよばれます。

A. 電流を導線に流すと，
導線のまわりに
磁場ができる

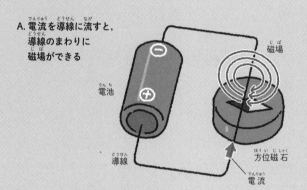

磁場

電池

導線

方位磁石

電流

B. 磁石をコイルに
出し入れすると，
コイルに電流が
発生する（電磁誘導）

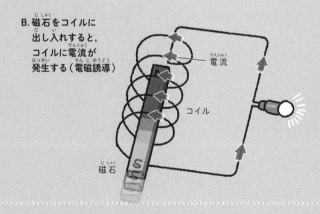

電流

コイル

磁石

6 素粒子レベルで見ると，磁石は電子の「スピン」

電子が自転すると，磁石となる

磁石のN極とS極は，つきつめて考えると，電子にいきつくといいます。

　電子などの素粒子は，1個1個が，「スピン」とよばれる自転に似た性質をもちます。電気を帯びたものがくるくるまわると，それは小さな磁石になります。ミクロの磁石である電子を，自転の向きをそろえてたくさん集めると，全体として大きな磁石になります。これが，磁石の正体です。

　らせん状のコイルに電流を流すと磁石になります。これと同じように，電気を帯びた電子が自転すると，それは環状の電流が流れたことに相当し，磁石となるのです。

スピンの性質が，自然に導かれる

スピンは，時間と空間の理論である「特殊相対性理論」と，ミクロな世界の物理法則である「量子力学」によって明らかにされました。特殊相対性理論と，量子力学の土台となっている「シュレーディンガー方程式」を融合した「ディラック方程式」から，スピンの性質が自然に導かれるのです。

「シュレーディンガー方程式」は，
エルヴィン・シュレーディンガー
というオーストリアの物理学者
が考えたものだそうだよ。

6 磁石と電子

磁石を分割していくイメージをえがきました。磁石をどこまで分割しても，かならずN極とS極があらわれます。素粒子である電子が，スピンによって，N極とS極をもつためです。

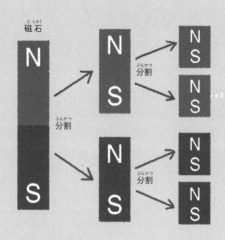

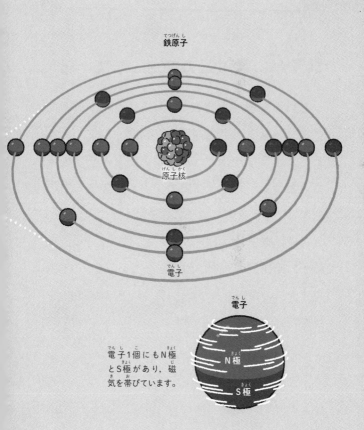

鉄原子

原子核

電子

電子

電子1個にもN極とS極があり，磁気を帯びています。

N極

S極

注：電子は，厳密には自転していません。「スピン」は，自転の勢いに相当する値です。

7 ボールを打てるのは, 電磁気力で反発するから

電子が, 電磁気力でおこしている

私たちが日ごと経験していることは, ほとんどすべて電磁気力で説明できます。日常でおきるさまざまな現象は, 原子にあるマイナスの電気をもつ電子が, 電磁気力でおこしているものだからです。そして原子に電子があるのも, マイナスの電気をもつ電子とプラスの電気をもつ原子核が, 電磁気力で引きつけあっているからです。マイナスの電気をもつ電子が, 原子全体の性質をほとんど決めているのです。

memo

すり抜けたり合体したりすること はない

たとえば，バットでボールを打つ瞬間も，電磁気力で説明できます。

　木製のバットは，主に炭素原子が電磁気力でつながった「セルロース」という分子でできています。一方，牛革でおおわれたボールの表面は，主に炭素原子が電磁気力でつながった「コラーゲン」という分子でできています。バットでボールを打つ瞬間，バットがボールをすり抜けたり，バットとボールが合体したりすることはありません。これは，バットのセルロース分子の電子と，ボールのコラーゲン分子の電子が，電磁気力で反発するからなのです。

7 バットでボールを打つ瞬間

バットでボールを打つ瞬間のバットとボールを,拡大してえがきました。バットの分子中の電子とボールの分子中の電子が,電磁気力で反発します。

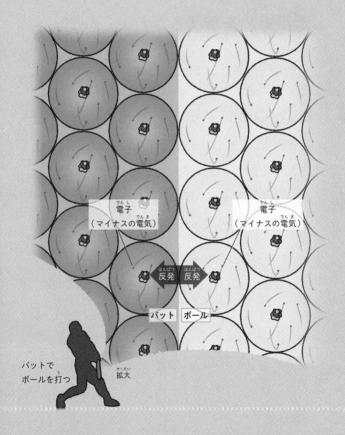

電子
(マイナスの電気)

電子
(マイナスの電気)

反発 反発

バット ボール

バットで
ボールを打つ

拡大

117

8 え？ 電磁気力を伝えるのは，光の粒子!?

電磁気力を伝える素粒子「光子」

実は，力は，素粒子が行ったり来たりすることではたらくと考えられています。電磁気力を伝える素粒子は，「光子」という素粒子なのです。

光子は，「光（電磁波）」の，それ以上分割することができない基本的な単位と考えられている素粒子です。電磁波は電磁場が伝わる波で，可視光線をはじめ，電波や紫外線，X線などがあります。

光子が，N極とS極の間を行き来する

　ミクロの世界の物理法則である「量子力学」によると，電磁波は波の性質をもつ一方で，粒子の性質もあわせもつといいます。その粒子が，光子なのです。ただ，電磁気力を伝える光子は，見る（観測する）ことはできません。

　磁石の場合，光子がN極の電子とS極の電子の間を行き来することで引力が，光子が同じ極の電子の間を行き来することで反発力が生じます。これが，磁石のN極とS極が引きつけあったり，同じ極どうしが反発しあったりするしくみなのです。

電磁気力を伝える光子は，
お化けみたいな光子だハリ。

電磁気力を伝える光子

磁石のN極から出入りする光子（A）と，接近する磁石のN極とS極（B）をえがきました。

A. 磁石のN極から出入りする光子

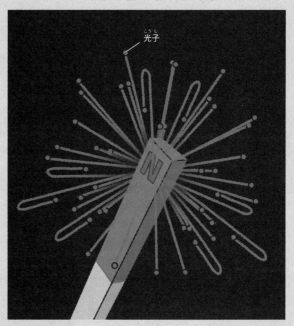

光子

B. 接近する磁石のN極とS極

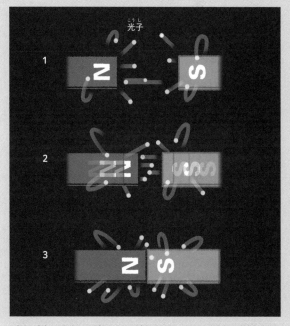

光子

1

2

3

N極（S極）の電子から放出された光子が，近くの別の磁石のS極（N極）の電子に吸収されると，N極とS極の間に引力がはたらきます。このため，N極とS極は引力で接近し，くっつきます。

粒子で力を伝える

現代の素粒子物理学では，素粒子どうしの間にはたらく力を，「力を伝える素粒子」の行き来で説明します。どういうことなのでしょうか。

スケート靴をはいて，氷の上で向かい合った2人を考えてみましょう。右の人から，左の人に向かってボールを投げます。右の人は，ボールを投げると，手がボールから反作用を受けるため，ボールとは逆に右に動きだします。一方，左の人は，ボールを受けとると，ボールに押されるので，左に動きだします。つまりボールの受け渡しによって，2人の間に反発力がはたらいたとみなせます。

もし2人が反対の方向を向いて，ブーメランを投げれば，ブーメランの受け渡しによって，2人の間に引力がはたらいたとみなせます。素粒子どうし

の間にはたらく力も，何かを受け渡すことで力が生じる点は同じです。力を伝える素粒子が，なんとなくイメージできたでしょうか。

9 原子核の陽子と中性子は, なぜはなれないのか

陽子と中性子を結びつけるものは何か

　ここからは,「強い力」についてみていきましょう。

　原子核が陽子と中性子でできているということは, 1930年代にわかりました。しかし, 正の電気を帯びた陽子と, 電気を帯びていない中性子を結びつけているものが, いったい何なのかは謎でした。

中間子が, 陽子と中性子の間を行き来する

　日本の物理学者の湯川秀樹（1907〜1981）は, 陽子と中性子を結びつける未発見の粒子「中間

9 中間子

原子の中で，電子と原子核の間には，光子が行き来することで，電磁気力がはたらいています（上のイラスト）。原子核の中の陽子と中性子の間には，中間子が行き来することで，核力がはたらきます（下のイラスト）。

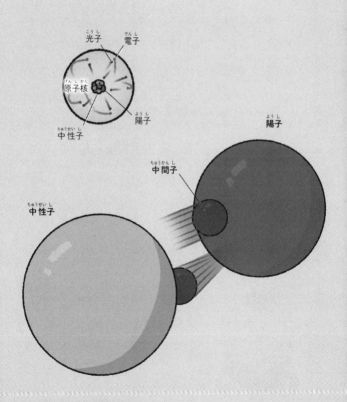

光子

電子

原子核

陽子

中性子

陽子

中間子

中性子

子」があることを理論的に予言し，1935年に「中間子論」を発表しました。中間子が陽子と中性子の間を行き来することで，引力がはたらくと考えたのです。そしてその引力は，陽子どうしの間にはたらく電磁気力の反発力よりも強いので，陽子と中性子を一つに結びつけていられると考えました。この「電磁気力よりも強い力」は，「核力」と名づけられました。

　湯川の予言した中間子（パイ中間子）は，1947年に発見されました。その中間子は，宇宙線の陽子が，地球の空気中の窒素や酸素の原子核と衝突してできたものでした。

中間子の「中間」とは，中間子の質量が電子と陽子の中間にあると考えられたためにつけられた名前なのだ。

― 強い力 ―

10 「強い力」が，陽子や中性子のクォークを結びつけている

「グルーオン」が，強い力を伝える

　陽子や中性子は，三つのクォークでできています。三つのクォークを陽子や中性子というかたまりに結びつけているのは，クォークどうしが「グルーオン」という素粒子をやりとりすることではたらく，「強い力」です。

　グルーオンは，クォークとクォークの間で強い力を伝える素粒子です。グルーオンの「グルー（glue）」とは，英語でのりという意味です。陽子や中性子の中で，アップクォークやダウンクォークの間をグルーオンが行き来することで，クォーク間に強い力がはたらくと考えられているのです。

中間子による核力も、強い力の一種

　湯川が予言した、原子核の陽子と中性子を結びつける中間子（パイ中間子）も、クォークと反クォークが強い力で結びついたものです。

　パイ中間子が行き来することではたらく核力は、つきつめて考えると、グルーオンが行き来することではたらく強い力の一種ということになります。

グルーオンがないと、陽子や中性子は形を保てないんだね。

10 グルーオン

陽子や中性子の中で，クォークどうしの間には，グルーオンが行き来することで，強い力がはたらきます。

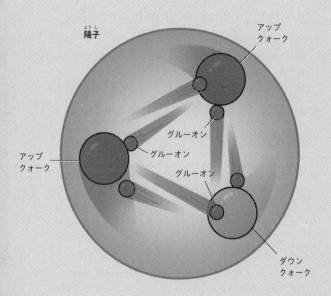

陽子

アップ
クォーク

グルーオン

アップ
クォーク

グルーオン

グルーオン

ダウン
クォーク

11 陽子や中性子のクォークは，単独では取りだせない！

強い力は，クォークがはなれると大きくなる

強い力は，ゴムひもやバネのような性質をしていて，クォークどうしが遠ざかると強くなり，近づくと弱くなります。

　陽子や中性子の中でクォークどうしが接近しているときは，強い力が小さく，クォークは自由に動けます。しかし，クォークを引きはなそうとすると，強い力がとたんに大きくなり，クォークを引きはなすことがむずかしくなります。

11 単独で取りだせないクォーク

陽子のクォークの一つを，力を加えて取りだそうとした場合をえがきました（1〜4）。

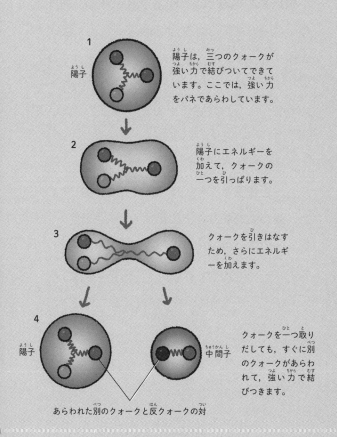

1

陽子

陽子は，三つのクォークが強い力で結びついてできています。ここでは，強い力をバネであらわしています。

2

陽子にエネルギーを加えて，クォークの一つを引っぱります。

3

クォークを引きはなすため，さらにエネルギーを加えます。

4

陽子

中間子

クォークを一つ取りだしても，すぐに別のクォークがあらわれて，強い力で結びつきます。

あらわれた別のクォークと反クォークの対

131

すぐに別のクォークがあらわれて，結びつく

強い力で結びついているクォークは，一つだけを取りだすことはできません。たとえ強い力を振りきってクォークの一つを取りだそうとしても，すぐに別のクォークと反クォークの対があらわれて，ふたたび強い力で結びついてしまいます（131ページのイラスト）。

アインシュタインの相対性理論によると，エネルギーと質量はたがいに変換できます※。そのため，強い力を振りきる際に加えたエネルギーは，クォークと反クォークのペアの質量に転化してしまいます。クォークを一つだけ取りだそうとしても，それはできないのです。

※：エネルギーと質量は，「$E = mc^2$」（E：エネルギー，m：質量，c：光速）で変換できます。

― 強い力 ―

12 質量の99％は，強い力から くるエネルギー

クォーク3個の質量は， 陽子1個の1％以下

　アップクォークやダウンクォーク1個の質量は，陽子や中性子1個の質量の，1000分の1 ～ 数百分の1程度です。したがって，陽子や中性子1個に含まれるクォーク3個の質量は，陽子や中性子1個の質量の数百分の1 ～ 100分の1程度にしかなりません。

　では，残りのおよそ99％の質量は，いったい何なのでしょうか。実は，陽子や中性子の質量のほとんどは，強い力からくるエネルギーです。

50キロの人の49.5キロは, 強い力が源

陽子や中性子の質量は, およそ半分が強い力の「位置エネルギー」, 半分がクォークの「運動エネルギー」です※。クォークは, 強い力でせまい空間に閉じこめられている分, 運動エネルギーが大きくなります。つまり, 強い力の位置エネルギーもクォークの運動エネルギーも, 強い力からくるエネルギーとみることができるのです。

電子1個の質量は, 陽子や中性子の質量のおよそ2000分の1程度しかありません。原子の質量のほとんどを占めるのは, 原子核の陽子や中性子の質量です。たとえば体重50キログラムの人の場合, およそ0.5キログラムがクォークの質量, 残りのおよそ49.5キログラムは強い力からくるエネルギーを源にした質量なのです。

※:位置エネルギーは, 物がもつエネルギーのうち, 物の位置で決まるエネルギーです。運動エネルギーは, 物がもつエネルギーのうち, 運動速度で決まるエネルギーです。

12 陽子とクォークの質量

陽子とクォークの質量を，上皿天秤で比較するイメージをえがきました。陽子1個とクォーク3個の質量を比較すると，陽子1個の質量のほうがはるかに大きいという結果になります。

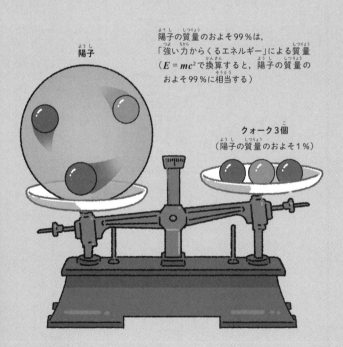

陽子の質量のおよそ99％は，「強い力からくるエネルギー」による質量（$E = mc^2$で換算すると，陽子の質量のおよそ99％に相当する）

陽子

クォーク3個
（陽子の質量のおよそ1％）

子の才能，父は知らず

日本の物理学者で1949年に日本人初のノーベル賞を受賞した湯川秀樹（1907〜1981）

言わん

子どものころは無口で面倒なときは「言わん」と答えたのであだなは「イワンちゃん」だった

父は秀樹を学者にしたかったが向いているかどうかわからなかった

秀樹は何を考えているのだろう？

秀樹が中学生のころ妻とは専門学校に進ませようかと相談していた

あるとき父は中学校の校長に会い秀樹に数学の才能があることを知る

数学は天才的ですよ

そうなんですか!?

ガラス細工が苦手

高校に入ると秀樹の数学への興味はうすれ大学では物理学を専攻

大学3年になると理論か実験か進む道で悩んだ

実験では真空状態をつくるためにガラス細工の技術が必要だった

…また折れた

秀樹はこれが苦手だった

結局は理論物理学の道に進んだ

紙と鉛筆と本があれば十分

しかし晩年になって理論だけでは肩身がせまいと感じていた

理論と実験の両方に通じているべきだとのべている

13 特殊な力。「弱い力」は変化を引きおこす

時間がたつと、こわれる原子核がある

ここからは、「弱い力」についてみていきましょう。

原子核の中には、不安定で、時間がたつとこわれてしまうものがあります。なぜこわれてしまうのかを調べていくと、そこに何か特殊な力がなければいけないことがわかりました。これが、「弱い力」の発見の経緯です。

右ページの炭素同位体年代測定は、炭素14が、発掘された物の中にどれだけの割合残っているかを調べることで、それが地中に埋まっていた時間の長さをはかる方法なんだハリ。

弱い力を伝える素粒子は，
「ウィークボソン」

　たとえば考古学では，「炭素同位体年代測定」で，発掘した遺物や化石が何万年前のものかがわかります。この測定で調べる炭素14の原子核は，不安定なため，時間がたつと中性子の一つが陽子と電子と反電子ニュートリノにこわれて，窒素14の原子核に変わります。この変化を引きおこすものが，弱い力です。

　弱い力を伝える素粒子は，「ウィークボソン」とよばれ，W⁺粒子，W⁻粒子，Z粒子の3種類があります。炭素14の場合，中性子のダウンクォークの一つが，アップクォークとW⁻粒子になり，そしてW⁻粒子がすぐさま，電子と反電子ニュートリノに変わるのです。

13 炭素14の変化

弱い力によって，炭素14の原子核が変化するようすをえがきました。炭素14の原子核は，時間がたつと中性子の一つが陽子に変わり，窒素14の原子核になります。

炭素14の原子核

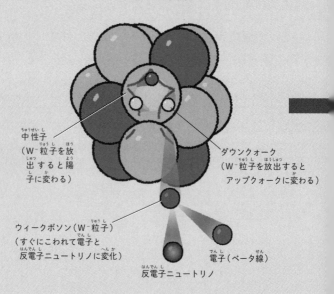

中性子
（W⁻粒子を放出すると陽子に変わる）

ダウンクォーク
（W⁻粒子を放出するとアップクォークに変わる）

ウィークボソン（W⁻粒子）
（すぐにこわれて電子と反電子ニュートリノに変化）

電子（ベータ線）

反電子ニュートリノ

窒素14の原子核

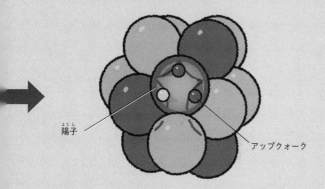

陽子

アップクォーク

注：炭素14は，陽子6個と中性子8個からなる原子核をもちます。
　　窒素14は，陽子7個と中性子7個からなる原子核をもちます。

— 弱い力 —

14 カミオカンデで観測された反応も，弱い力だった

「カミオカンデ」で，反電子ニュートリノを観測

ほかにも，弱い力がはたらいた例があります。日本の物理学者の小柴昌俊博士（1926 ～ 2020）が，「カミオカンデ」で反電子ニュートリノを観測した例です。

　カミオカンデは，ニュートリノをとらえる観測装置で，岐阜県の神岡鉱山地下に建設されました。装置は巨大な水槽と，水槽内壁に配置された光検出器で構成されていました。

小柴博士は，2002 年にノーベル物理学賞を受賞しているよ。

14 反電子ニュートリノの変化

弱い力によって，反電子ニュートリノが陽電子に変わるようす
をえがきました。この現象は，カミオカンデの巨大な水槽の中
でおきました。

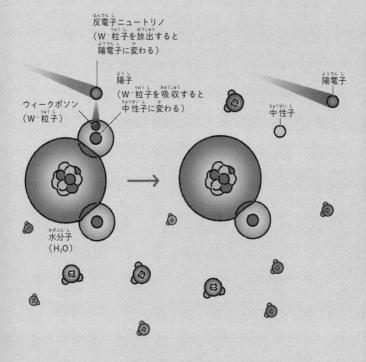

反電子ニュートリノ
（W⁻粒子を放出すると
　陽電子に変わる）

陽子
（W⁻粒子を吸収すると
　中性子に変わる）

陽電子

ウィークボソン
（W⁻粒子）

中性子

水分子
（H₂O）

弱い力で，反電子ニュートリノが陽電子に変化

1987年2月，カミオカンデで，「超新星爆発」（重い恒星の最期におきる大爆発）で放出された反電子ニュートリノが，世界ではじめて観測されました。反電子ニュートリノが水中で陽電子（反電子）に変化し，その陽電子が水中で放った光を，光検出器がとらえたのです。

このとき，カミオカンデの水中で，反電子ニュートリノを陽電子に変えたものが，弱い力です。反電子ニュートリノが水分子に接近した際，反電子ニュートリノから水分子の陽子にW⁻粒子が渡され，陽子が中性子に変わったのです。

このように，弱い力は，ウィークボソンによって物の変化を引きおこす力なのです。

― 弱い力 ―

15 弱い力は、太陽が燃えるのにも必要

水素の原子核が、2個近づいた瞬間にはたらく

太陽が燃えるということも、弱い力がはたらかないとおきないことがわかっています。太陽が燃えるしくみは、主に水素の「核融合反応」によるものです。核融合反応とは、別々の原子核が融合して、新しい原子核とぼう大なエネルギーを生む反応です。

　太陽の核融合反応で弱い力がはたらくのは、反応の第一段階で、陽子1個からなる水素の原子核が2個近づいた瞬間です。片方の陽子の中のアップクォークの一つが、ダウンクォークとW^+粒子になり、陽子が中性子に変わります。そしてすぐにもう片方の陽子と強い力で結合して、重水素の原子核になるのです。

もともとの質量よりも，軽くなる

　陽子よりも中性子のほうがエネルギーが高い（質量が大きい）ので，普通は1個だけ置いておいた陽子が中性子に変わることはありません。太陽の中で陽子が中性子に変わることができるのは，重水素の原子核の質量が，もともとの陽子2個の合計の質量よりも軽くなるからです。

　この現象は，「質量欠損」といいます。軽くなるということはエネルギーが下がることなので，陽子が中性子に変わることができるのです。

注：太陽の核融合反応では，陽子4個からヘリウムの原子核1個ができます。ヘリウムの原子核1個の質量は，陽子4個の質量よりも，約0.7％軽くなります。このなくなる0.7％の質量が，「$E = mc^2$」によって，太陽の光輝くエネルギーになります。

15 太陽の核融合反応の第一段階

太陽の核融合反応の第一段階をえがきました。水素の原子核である陽子が2個近づくと、片方の陽子が弱い力によって中性子に変わり、重水素の原子核ができます。

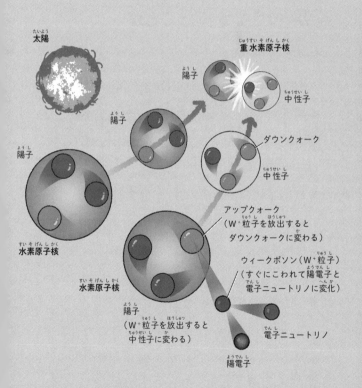

太陽

重水素原子核

陽子

中性子

陽子

ダウンクォーク

中性子

陽子

アップクォーク
（W+粒子を放出すると
ダウンクォークに変わる）

水素原子核

ウィークボソン（W+粒子）
（すぐにこわれて陽電子と
電子ニュートリノに変化）

水素原子核

陽子
（W+粒子を放出すると
中性子に変わる）

電子ニュートリノ

陽電子

16 四つの力を，一つの理論で説明したい！

理解できなかったことが，理解できる

物理学者の目標は，ばらばらにみえる現象を，できるだけ数少ない基本的な力で説明することです。この目標は，「力の統一」といいます。そして究極の目標は，力をたった一つに統一して，あらゆる現象を一つの力だけで説明することです。

物理学者が力の統一をめざす理由は，力の統一によって，理解できなかったことが理解できるようになると考えているためです。

ニュートンは，地上の世界の現象と天上の世界の現象が同じものだと見抜き，「万有引力の法則」をつくりました。そしてこの統一によって，惑星の公転軌道やロケットの飛び方などを，一つ

の法則で説明できるようになりました。こうして，物理学は進歩してきたのです。

電磁気力を説明する
「量子電気力学」

ニュートンが地上の世界と天上の世界を統一したように，電気と磁気を統一したのがマクスウェルです。マクスウェルは，電気と磁気を統一して，「電磁気学」をつくりました。

原子の研究からは，「量子力学」が生まれました。そして量子力学と電磁気学，「特殊相対性理論」，「ガンマ線※1」の理論を統一してつくられたものが，電磁気力を説明する「量子電気力学」という理論です。

※1：ガンマ線は，エネルギーが高い状態の原子核が低い状態に変化する際に放たれる電磁波です。

電磁気力と弱い力を説明する「電弱統一理論」

量子電気力学と「ベータ線※2」の理論を統一してつくられたものが，「電弱統一理論」です。つまり，電磁気力を説明する量子電気力学と，弱い力がはたらくときに放たれるベータ線の理論を統一して，電磁気力と弱い力を説明する電弱統一理論がつくられたということになります。

四つの力を統一するための「超ひも理論」

さまざまな現象を，十数種類の素粒子で説明しようというものが，「標準理論」です。

標準理論は複数の理論からなり，四つの力のうち，電磁気力と弱い力，強い力の理論が含まれます。このうち，電磁気力と弱い力が，電弱統一理論で統一されています。重力は，標準理論に含まれず，重力を伝える「重力子」も未発見

です。

　電磁気力と弱い力，強い力の三つの力を統一しようとする「大統一理論※3」という考え方があります。それから，電磁気力と弱い力，強い力，重力の四つの力を統一するためにでてきた考えが，「超ひも理論（超弦理論）※4」といわれるものです。

「四つの力を全部統一して一つの理論で説明したい。そうしたらもっとさまざまなことがわかるはずだ」。それが，物理学者の夢なのです。

※2：ベータ線は，原子核の中性子が弱い力で変化する際に放たれる電子です。
※3：大統一理論の正しさは，まだ実験的に実証されていません。
※4：超ひも理論（超弦理論）は，素粒子が極小のひも（弦）でできていると考える理論です。超ひも理論は未完成であり，現在も研究が進められています。

科学者たちの努力の積み重ねで，さまざまな理論が発展してきたんだハリ。

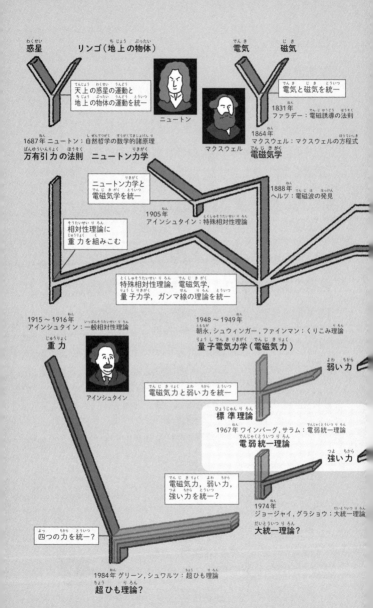

惑星　　リンゴ（地上の物体）　　　電気　磁気

天上の惑星の運動と
地上の物体の運動を統一

ニュートン

電気と磁気を統一

1831年
ファラデー：電磁誘導の法則

1864年
マクスウェル：マクスウェルの方程式

マクスウェル

1687年 ニュートン：自然哲学の数学的諸原理
万有引力の法則　ニュートン力学

電磁気学

ニュートン力学と
電磁気学を統一

1888年
ヘルツ：電磁波の発見

1905年
アインシュタイン：特殊相対性理論

相対性理論に
重力を組みこむ

特殊相対性理論，電磁気学，
量子力学，ガンマ線の理論を統一

1915 ～ 1916年
アインシュタイン：一般相対性理論
重力

1948 ～ 1949年
朝永，シュウィンガー，ファインマン：くりこみ理論
量子電気力学（電磁気力）

アインシュタイン

弱い力

電磁気力と弱い力を統一

標準理論
1967年 ワインバーグ，サラム：電弱統一理論
電弱統一理論

強い力

電磁気力，弱い力，
強い力を統一？

1974年
ジョージャイ，グラショウ：大統一理論
大統一理論？

四つの力を統一？

1984年 グリーン，シュワルツ：超ひも理論
超ひも理論？

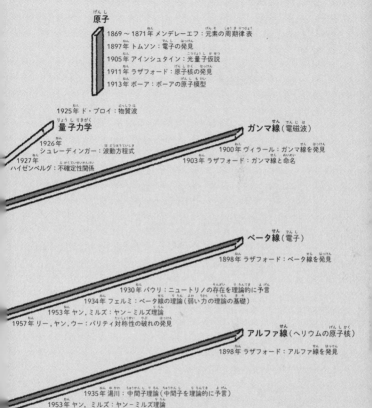

原子

1869〜1871年 メンデレーエフ：元素の周期律表
1897年 トムソン：電子の発見
1905年 アインシュタイン：光量子仮説
1911年 ラザフォード：原子核の発見
1913年 ボーア：ボーアの原子模型

1925年 ド・ブロイ：物質波

量子力学

1926年
シュレーディンガー：波動方程式
1927年
ハイゼンベルグ：不確定性関係

ガンマ線（電磁波）

1900年 ヴィラール：ガンマ線を発見
1903年 ラザフォード：ガンマ線と命名

ベータ線（電子）

1898年 ラザフォード：ベータ線を発見

1930年 パウリ：ニュートリノの存在を理論的に予言
1934年 フェルミ：ベータ線の理論（弱い力の理論の基礎）
1953年 ヤン，ミルズ：ヤン−ミルズ理論
1957年 リー，ヤン，ウー：パリティ対称性の破れの発見

アルファ線（ヘリウムの原子核）

1898年 ラザフォード：アルファ線を発見

1935年 湯川：中間子理論（中間子を理論的に予言）
1953年 ヤン，ミルズ：ヤン−ミルズ理論
1973年 グロス，ポリツァー，ウィルチェック：強い力の漸近的自由性

16 力の統一の歴史

力の統一の歴史をあらわした樹形図です。下に行くほど，
時代が新しくなり，力が統一されていきます。

超ひもって何ですか？

博士，超ひもって何ですか？　ひもを超えた
ひも？　すごいひものことですか？

ふぉっふぉっふぉっ。超ひもというのは，
「超ひも理論」のことじゃろ。超ひも理論は，
素粒子が極小のひもでできていると考える，
未完成の理論じゃ。超ひも理論の「超」は，
「超対称性」という考え方のことじゃ。

えっ，素粒子は粒子じゃないんですか？

ほんとうのところは，まだ誰にもわからん。
ただ，超ひも理論では，素粒子はひもだと考
えるんじゃ。

えーっ。なんでそんなふうに考えるんですか。

素粒子を粒子や大きさのない点だと考える

と，いろいろと説明のできない現象がある。
素粒子がひもだと考えると，うまく説明でき
る可能性があるんじゃ。

 へぇ〜。

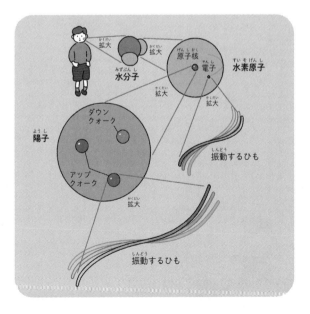

ヒッグス粒子から
超対称性粒子へ

2012年，物理学者が50年近く追い求めていた「ヒッグス粒子」が，ついに発見されました。ヒッグス粒子は，素粒子に質量をあたえる素粒子です。第3章では，ヒッグス粒子と，次に発見が期待される「超対称性粒子」について，みていきましょう。

1 素粒子に質量をあたえる「ヒッグス粒子」を発見！

標準理論にとって, なくてはならないもの

2012年7月4日, CERN（ヨーロッパ合同原子核研究機構）は, 大型ハドロン衝突型加速器（LHC）によって, 「ヒッグス粒子」を発見したと発表しました。

　ヒッグス粒子は, 物理学者が存在を理論的に予言していた素粒子で, 標準理論にとって, なくてはならないものでした。なぜなら, 素粒子には質量があるものとないものがあり, 物理学者がその理由を説明するためには, ヒッグス粒子がどうしても必要だったからです。

1 素粒子の質量を説明した2人

イギリスの物理学者のピーター・ヒッグス博士（1929〜　）と，ベルギーの物理学者のフランソワ・アングレール博士（1932〜　）は1964年，素粒子に質量をあたえるメカニズムを，それぞれ別々に理論的に説明しました。また，ヒッグス博士は，ヒッグス粒子の存在を理論的に予言しました。

フランソワ・アングレール博士
（1932〜　）

ピーター・ヒッグス博士
（1929〜　）

ヒッグス粒子に，
ぶつかるかぶつからないか

ヒッグス粒子は，空間に充満している素粒子です。相対性理論によると，質量がないものは光速で進み，質量をもつものは光速では進めません。物理学者は，ヒッグス粒子にぶつかりながら進む素粒子が，光速では進めない素粒子だと考えたのです。

つまり，素粒子に質量があるものとないものがあるのは，ヒッグス粒子にぶつかるものとぶつからないものがあるから，ということになります。

アングレール博士とヒッグス博士は，2013年にノーベル物理学賞を受賞したハリ。

memo

粒子の性質で，
ぶつかるかどうか決まる

　ヒッグス粒子にぶつかる素粒子とぶつからな
い素粒子があるのは，なぜなのでしょうか。

　たとえば，電磁気力を伝える光子は，電気を
もつ物の間を行き来します。しかしヒッグス粒
子は，電気をもっていません。そのため，光子に
はヒッグス粒子が見えず，光子はヒッグス粒子
を素通りします。粒子がどういう性質をもつか
によって，ヒッグス粒子とぶつかるかぶつから
ないかは，決まっているのです。

ヒッグス粒子がなければ,
とどまれない

光子はヒッグス粒子に邪魔されず,自然界の最高速度で進みます。逆にいえば,光子は真空中を光速未満で進むことはできません。光子は,生まれた瞬間から,光速で動きつづける運命なのです。

ヒッグス粒子がなければ,私たちの体をつくっている電子などの素粒子も,光速で進んでしまい,その場にとどまっていられなくなります。物体の構造が保たれているのは,空間にヒッグス粒子が充満しているからなのです。

ヒッグス粒子がなかったら,僕たちは存在できないということだね。

2 素粒子の質量を生むしくみ

空間に充満しているヒッグス粒子によって，素粒子の質量が生じるイメージをえがきました。電子は，ヒッグス粒子とぶつかるので，光速で進むことができず，質量をもちます。

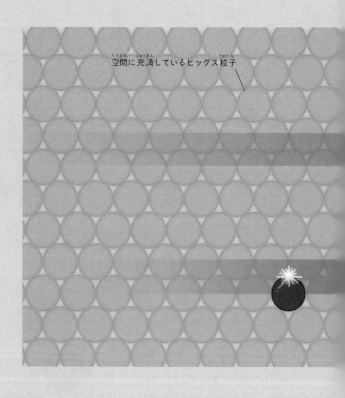

空間に充満しているヒッグス粒子

光速で進めないということは,
質量をもつということなのだ。

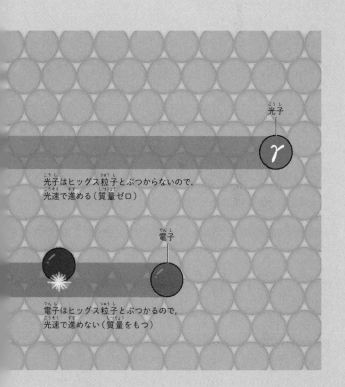

光子

γ

光子はヒッグス粒子とぶつからないので,
光速で進める（質量ゼロ）

電子

電子はヒッグス粒子とぶつかるので,
光速で進めない（質量をもつ）

LHCだからこそ、ヒッグス粒子を発見できた

大量のエネルギーを、真空につぎこんだ

空間に充満しているヒッグス粒子を、物理学者たちは一体、どのようにしてみつけたのでしょうか。

ヒッグス粒子は真空中にぎっしりとつまっているので、1個だけ取りだすことは、通常できません。そのため、加速器を使って大量のエネルギーを真空につぎこみ、「たたきだす」必要があります。これを行い、ヒッグス粒子をみつけたのが、CERNの加速器LHCです。LHCは、史上最高のエネルギーを生みだせる巨大加速器です。陽子をほぼ光速まで加速して、正面衝突させます。そのぼう大な衝突エネルギーを使って、真空からヒッグス粒子をたたきだしたのです。

ヒッグス粒子は, 質量がとても大きい粒子

真空からたたきだされたヒッグス粒子は不安定で, すぐに別の素粒子に崩壊してしまいます。そのため実際には, 2次的に発生する素粒子を検出, 分析することで, ヒッグス粒子の生成はつきとめられました。

つきとめられたヒッグス粒子は, 質量がとても大きな粒子で, 電子の約25万倍, 陽子の約133倍もの質量をもっていました。LHCだからこそ, これまでの加速器ではつくれなかった, まだ誰もみたことのなかった粒子を, たたきだすことができたのです。

たたきだされたヒッグス粒子は不安定だが, 真空に満ちているヒッグス粒子は, エネルギー的に安定しているので, こわれることはないのだ。

3 ヒッグス粒子をたたきだす

光速近くまで加速した陽子どうしの衝突エネルギーで，真空からヒッグス粒子をたたきだすイメージをえがきました。たたきだされたヒッグス粒子は，生成後，瞬時にほかの素粒子に崩壊してしまいます。

空間に充満しているヒッグス粒子

衝突

光速近くまで
加速された陽子

光速近くまで
加速された陽子

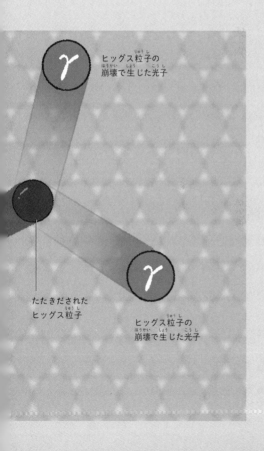

ヒッグス粒子の
崩壊で生じた光子

たたきだされた
ヒッグス粒子

ヒッグス粒子の
崩壊で生じた光子

電気代が月34億円？

　2014年，加速器 LHC を運営する CERN の担当者が，アメリカのインターネット掲示板型ソーシャルニュースサイト「Reddit」の「AMA（Ask Me Anything，何でも私に質問して）」というコーナーに登場したことがありました。AMA は，登場した有名人が，ユーザーから投稿された質問に何でも答えるコーナーです。

　あるユーザーが「毎月の電気代はいくらですか」と質問したところ，CERN の担当者は，「私が聞いた数字は，1日に180メガワットで，そのほとんどが加速器に使われています」と回答しました。

　LHC は，スイスとフランスの国境をまたぐように建設されています。ユーザーの単純計算によると，電気代をすべてスイス側に支払う場合の料

金は1か月で2450万ユーロ（約34億円），すべてフランス側に支払う場合の料金は1か月で1600万ユーロ（約22億円）になるそうです。実際の電気代は不明ですけれど，とにかくすごい規模ですね！

注：研究機関は一般的に，電力会社と特別な契約をかわしています。そのため，使用した電力量の割りには，電気代が安くすむことが多いようです。

4

弱い力を伝える素粒子は，ヒッグス粒子とぶつかる

ウィークボソンに，質量があることがわかった

そもそもなぜ物理学者は，ヒッグス粒子が空間に充満していると考えたのでしょうか。

物理学者は，光子をはじめとして，力を伝える素粒子はすべて質量をもたないと，いったんは考えたといいます。力を伝える素粒子に質量はないということが，理論的に予言されたからです。しかし，弱い力を伝えるウィークボソンに質量があることがあとからわかり，その理由を説明するためにヒッグス粒子が考えだされたのです。

ウィークボソンにだけ，
質量があたえられた

しかも，もともと区別できなかった電磁気力と弱い力は，ヒッグス粒子の存在によって，別々の力に区別できるようになったと考えられています。

　ヒッグス粒子は，誕生直後の超高温かつ超高密度の宇宙が，冷える過程で空間に充満したといいます。そして，ヒッグス粒子が空間に充満する前までは同じように質量がなく，区別することができなかった光子とウィークボソンのうち，ウィークボソンにだけ質量があたえられたと考えられているのです。

弱い力を伝える素粒子の質量を説明するために，ヒッグス粒子は考えだされたんだね。

4 力を伝える素粒子の質量

宇宙が誕生した直後, 力を伝える素粒子は, いずれも光速で進んでいたと考えられています。宇宙が冷えて宇宙空間にヒッグス粒子が充満すると, ウィークボソンだけがヒッグス粒子とぶつかるようになり, 質量があたえられたと考えられています。

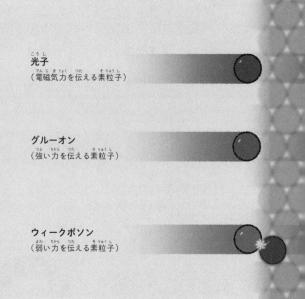

光子
(電磁気力を伝える素粒子)

グルーオン
(強い力を伝える素粒子)

ウィークボソン
(弱い力を伝える素粒子)

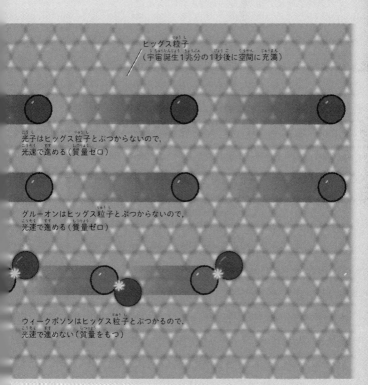

ヒッグス粒子
（宇宙誕生1兆分の1秒後に空間に充満）

光子はヒッグス粒子とぶつからないので,
光速で進める（質量ゼロ）

グルーオンはヒッグス粒子とぶつからないので,
光速で進める（質量ゼロ）

ウィークボソンはヒッグス粒子とぶつかるので,
光速で進めない（質量をもつ）

宇宙誕生時，四つの力は区別できなかったらしい

時代をさかのぼると，力が区別できなくなる

宇宙誕生から1兆分の1秒後（10^{-12}秒後）までは，つまりヒッグス粒子が空間に充満する前までは，電磁気力と弱い力は区別することができなかったと考えられています。

さらにさかのぼって，宇宙誕生から10^{-40}秒後までは，電磁気力と弱い力，強い力の三つの力が，区別できなかったと考えられています。そして宇宙誕生から10^{-43}秒後までは，電磁気力と弱い力，強い力，重力の四つの力が，区別できなかったといいます。

力の統一は，初期の宇宙を知ることにつながる

物理学者は，「電弱統一理論」をつくり，電磁気力と弱い力を一つの理論で説明することに成功しました。電弱統一理論は，電磁気力と弱い力の区別がつかなかったころの宇宙のようすを知る手がかりになります。

さらに電磁気力と弱い力，強い力を統一する「大統一理論」の正しさが実験的に実証されれば，より初期の宇宙のようすを知ることにつながると考えられているのです。

四つの力は，宇宙が誕生した直後は区別ができず，時間がたつにつれて，別々の力に分かれていったと考えられてるハリ（178〜179ページのイラスト下段）。

宇宙の歴史	宇宙の誕生	素粒子がバラバラに飛びかっている		クォーク 陽子 電子 中性子	対消滅 電子 陽電子 ヘリウムの原子核 ニュートリノ
	10^{-43}秒後	10^{-40}秒後	10^{-12}秒後	10^{-6}秒後	$1 \sim 100$秒後
	重力が区別できるようになった。	強い力が区別できるようになった。	電磁気力と弱い力が区別できるようになった。	クォークが集まって,陽子(水素の原子核)と中性子が生まれた。	電子と陽電子の対消滅による減少,重水素の原子核やヘリウムの原子核の形成がおきた。

力の分岐

重力

電磁気力

弱い力

強い力

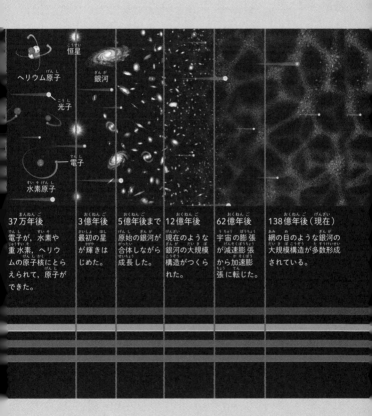

ヘリウム原子

恒星

銀河

光子

電子

水素原子

37万年後
電子が、水素や重水素、ヘリウムの原子核にとらえられて、原子ができた。

3億年後
最初の星が輝きはじめた。

5億年後まで
原始の銀河が合体しながら成長した。

12億年後
現在のような銀河の大規模構造がつくられた。

62億年後
宇宙の膨張が減速膨張から加速膨張に転じた。

138億年後（現在）
網の目のような銀河の大規模構造が多数形成されている。

力と物質を入れかえて，
統一できる

超対称性理論にもとづく，「超対称性粒子」という未発見の素粒子が，存在するのではないかと考えられています。

標準理論にもとづく素粒子には，「物質を形づくる素粒子」と，「力を伝える素粒子」があります。超対称性粒子には，「物質を形づくる素粒子のパートナー」と，「力を伝える素粒子のパートナー」があります。物質を形づくる素粒子のパートナーは力を伝える素粒子に似たもの，力を伝える素粒子のパートナーは物質を形づくる素粒子に似たものです。超対称性は，力と物質を入れかえて，統一することができます。

超対称性粒子がないと，うまくいかない

実は，「超ひも理論」の超は，「超対称性」の超です。超ひも理論は，超対称性がないと，うまくいかないと考えられています。

　一方，「大統一理論」は，超対称性粒子があると理論が自然にみえるため，超対称性粒子がみつかれば，大統一理論の正しさを実証できるのではないかと考えられています。

右と左を鏡で入れかえるように，ちがってみえるものを結びつけるような操作を対称性とよんでいるぞ。超対称性の場合には，物質を構成する素粒子を，力を伝える素粒子に似た素粒子にかえてしまうことができる。一見ちがうものを結びつけているので，普通の対称性よりももっとすごいから「超」対称性なのだ。

181

素粒子（標準理論にもとづく素粒子）

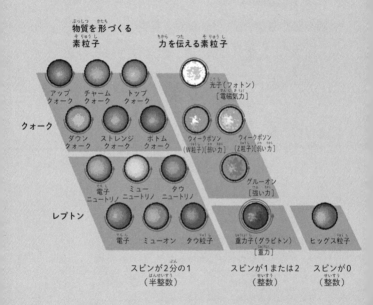

物質を形づくる
素粒子

力を伝える素粒子

アップ
クォーク

チャーム
クォーク

トップ
クォーク

光子（フォトン）
[電磁気力]

クォーク

ダウン
クォーク

ストレンジ
クォーク

ボトム
クォーク

ウイークボソン
（W粒子）[弱い力]

ウイークボソン
（Z粒子）[弱い力]

電子
ニュートリノ

ミュー
ニュートリノ

タウ
ニュートリノ

グルーオン
[強い力]

レプトン

電子

ミューオン

タウ粒子

重力子（グラビトン）
[重力]

ヒッグス粒子

スピンが2分の1
（半整数）

スピンが1または2
（整数）

スピンが0
（整数）

注：素粒子の周囲の矢印は，素粒子の自転の勢いに
相当する「スピン」をあらわしています。スカラーは，
スピンが0であることを意味します。

超対称性粒子（超対称性理論にもとづく素粒子）

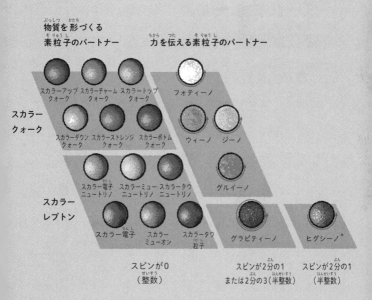

物質を形づくる素粒子のパートナー

力を伝える素粒子のパートナー

スカラーアップ
クォーク

スカラーチャーム
クォーク

スカラートップ
クォーク

フォティーノ

**スカラー
クォーク**

スカラーダウン
クォーク

スカラーストレンジ
クォーク

スカラーボトム
クォーク

ウィーノ　ジーノ

スカラー電子
ニュートリノ

スカラーミュー
ニュートリノ

スカラータウ
ニュートリノ

グルイーノ

**スカラー
レプトン**

スカラー電子

スカラー
ミューオン

スカラータウ
粒子

グラビティーノ

ヒグシーノ＊

スピンが0
（整数）

スピンが2分の1
または2分の3（半整数）

スピンが2分の1
（半整数）

＊：超対称性理論では，ヒッグス粒子とそのパートナーである
　ヒグシーノは，複数種類存在します。

「ダークマター」は, 超対称性粒子なのかも

ダークマターは, 存在が確実視されている

超対称性粒子は,「ダークマター（暗黒物質）」の候補としても有力視されています。

ダークマターは, 光（電磁波）をいっさい発したり吸収したりしないため, 眼で見ることはできず, 望遠鏡でも直接観測することはできません。しかしダークマターは周囲の天体に重力をおよぼすため, 間接的にその存在が確実視されています。

7 銀河団をおおうダークマター

銀河団をおおう，ダークマターのイメージをえがきました。ダークマターはその重力で，銀河団の銀河を，銀河団内につなぎとめているのではないかと考えられています。

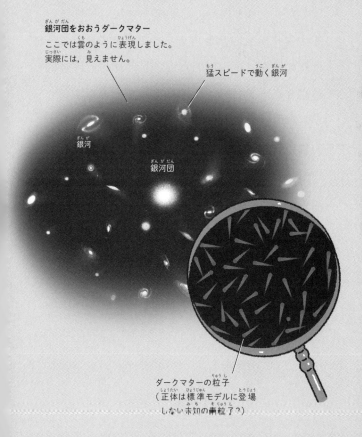

銀河団をおおうダークマター
ここでは雲のように表現しました。
実際には，見えません。

猛スピードで動く銀河

銀河

銀河団

ダークマターの粒子
（正体は標準モデルに登場
しない未知の素粒子？）

185

「ニュートラリーノ」が，
ダークマターか

　誕生直後の宇宙では，素粒子が大量に誕生しました。それと同時に，反粒子や超対称性粒子も大量に誕生したと考えられています。反粒子はその後なぜか消滅したのですけれど，超対称性粒子の一部は今も宇宙に残っているはずだといわれています。

　重い超対称性粒子はいずれこわれて，軽い超対称性粒子に変わると考えられています。そのため，今も宇宙に残っているのは，超対称性粒子の中で最も軽く，電気を帯びていないものだといいます。これらは総称して，「ニュートラリーノ」とよばれています。このニュートラリーノが，ダークマターなのではないかと考えられているのです。

8 LHCなら，超対称性粒子をつくれるかも

超対称性粒子が，発生する場合がある

CERNの加速器 LHC では，超対称性粒子を実際につくりだそうとしています。

LHC で，陽子と陽子が衝突すると，クォークやグルーオンの超対称性粒子が発生する場合があると考えられています。これらは，瞬時に別の素粒子に変わるなどして，さまざまな素粒子を発生させます。その中には，ダークマターの有力候補である，超対称性粒子のニュートラリーノも含まれている可能性があるのです。

結果を足し合わせて，足りないものをみつける

ニュートラリーノは，物質ときわめて反応しにくいので，検出器にはかかりません。しかし，同時に発生するさまざまな粒子を検出して分析すれば，「検出器をすり抜けた何かがあったはず」ということを知ることは可能です。すべての結果を足し合わせて，足りないものをみつけるのです。

LHCでは，このような方法で，間接的にニュートラリーノが発生したことをつきとめようとしています。

いつか，ダークマターの候補の粒子が発見される日がくるのかな？

8 ニュートラリーノの発生

ＬＨＣで発生する，ニュートラリーノのイメージをえがきました。ニュートラリーノは，検出器をすり抜けるため，検出器で直接的に検出することはできません。

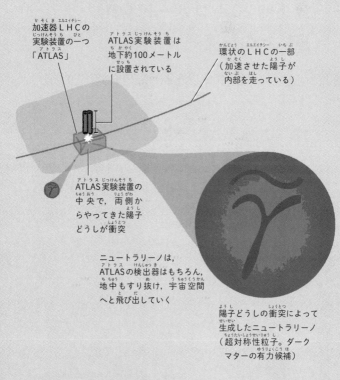

加速器ＬＨＣの実験装置の一つ「ATLAS」

ATLAS実験装置は地下約100メートルに設置されている

環状のＬＨＣの一部（加速させた陽子が内部を走っている）

ATLAS実験装置の中央で，両側からやってきた陽子どうしが衝突

ニュートラリーノは，ATLASの検出器はもちろん，地中もすり抜け，宇宙空間へと飛び出していく

陽子どうしの衝突によって生成したニュートラリーノ（超対称性粒子。ダークマターの有力候補）

注：イラストでの表現上，ニュートラリーノを大きくえがいています。素粒子の大きさはゼロ，もしくは1ミリの1兆分の1の1万分の1未満です。

「ILC」で，ヒッグス粒子を くわしく調べたい

全長約20キロメートルの， 直線状の加速器

今，「国際リニアコライダー（ILC）」という加速器を建設する計画が，国際共同研究チームによってすすめられています。

ILCとは，全長約20キロメートルに達する直線状の加速器で，日本の東北地方の北上山地も建設候補地にあがっています。

ILCは「International Linear Collider」の略だハリ。

LHCよりも，精密で詳細な観測ができる

　LHCが陽子を加速して衝突させるのに対して，ILCは素粒子である電子と陽電子を加速して衝突させます。ILCは観測のじゃまになる粒子がLHCよりも発生しにくいので，より精密で詳細な観測ができると考えられています。

　ILCの完成後は，ヒッグス粒子の詳細な観測を通じて，宇宙が超対称性であるのかどうかや，力の統一，ダークマターの研究などが進められる予定です。

　2012年7月までは，ヒッグス粒子がみつかるかどうかが，素粒子物理学の最大の焦点でした。ヒッグス粒子が発見された今，その正体を明らかにすることが，素粒子物理学の次の大きな目標の一つになっているのです。

⑨ ILC の完成予想図

計画中のILCの完成イメージをえがきました。世界規模で計画が進められており，ILCの完成によって，素粒子物理学のさらなる発展が期待されています。

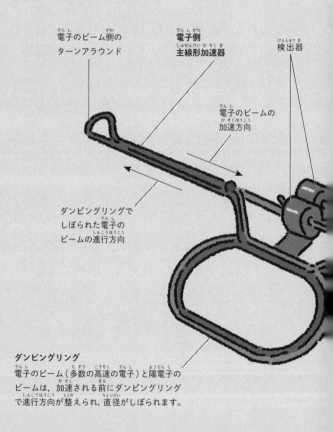

電子のビーム側の
ターンアラウンド

電子側
主線形加速器

検出器

電子のビームの
加速方向

ダンピングリングで
しぼられた電子の
ビームの進行方向

ダンピングリング
電子のビーム（多数の高速の電子）と陽電子の
ビームは，加速される前にダンピングリング
で進行方向が整えられ，直径がしぼられます。

ILCでは素粒子どうしを加速して衝突させるため,観測のじゃまになる粒子が発生しにくいのだ。

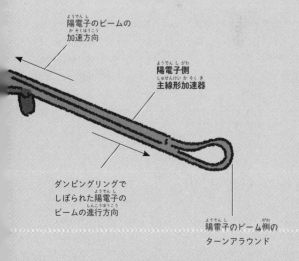

陽電子のビームの
加速方向

陽電子側
主線形加速器

ダンピングリングで
しぼられた陽電子の
ビームの進行方向

陽電子のビーム側の
ターンアラウンド

さくいん

シリーズ第21弾!!

ニュートン超図解新書
最強に面白い

心理学

2024年3月発売予定　新書判・200ページ　990円(税込)

　勉強や恋愛,仕事でいい結果を出したい!　誰でも一度は,そう思ったことがあるのではないでしょうか。もちろん,すべてをかなえてくれる魔法のような方法はありません……。でも,よりよい結果を出すために,参考にすべき学問があります。それが,心理学です。

　心理学は,人の心のしくみを,科学的な方法で理解しようとする学問です。人の心は,どんなときに勉強をしたくなりやすいのか,どんなときに人を好きになりやすいのか,そしてどんなときに仕事を引き受けてくれやすいのか。事前に知っておけば,きっと役に立つと思いませんか?

　本書は,2022年2月に発売された,ニュートン式 超 図解 最強に面白い!!『心理学』の新書版です。日常 生活で役立つ心理学を,"最強に"面白く紹介します。ぜひご期待ください!

余分な知識満載だガー!

主な内容

やる気の心理学

自分はやれる!! その気持ちが大切
目標を宣言したら，長つづきしなかった

教育の心理学

すごい！ ほめられると，成績がよくなる
ごほうびは，逆効果になることがある

恋愛の心理学

似た行動をすると，好かれる確率 up
ドキドキちがい！ つり橋と恋愛

商売の心理学

限定品？ 数が少ないものほど，ほしくなる
あら値引き？ 半端な値段は魅力的

ストレス対処に役立つ心理学

頭をよぎるかたよった思考が，ストレスの原因
負の思考サイクルを断つ！ マインドフルネス

Staff

Editorial Management	中村真哉
Editorial Staff	道地恵介
Cover Design	岩本陽一
Design Format	村岡志津加（Studio Zucca）

Photograph

27	CERN

Illustration

表紙カバー	羽田野乃花さんのイラストを元に佐藤蘭名が作成
表紙	羽田野乃花さんのイラストを元に佐藤蘭名が作成
11	羽田野乃花
16〜17	Newton Press・吉増麻里子
20〜25	羽田野乃花
31〜147	羽田野乃花
152〜153	小崎哲太郎さんのイラストを元に羽田野乃花が作成, 黒田清桐さんのイラストを元に羽田野乃花が作成, 羽田野乃花
155〜193	羽田野乃花

監修（敬称略）：
　村山 斉（東京大学カブリ数物連携宇宙研究機構教授, カリフォルニア大学バークレー校教授）

本書は主に，Newton 別冊『素粒子のすべて』の一部記事を抜粋し，
大幅に加筆・再編集したものです。

ニュートン超図解新書
最強に面白い 素粒子

2024年3月15日発行

発行人	高森康雄
編集人	中村真哉
発行所	株式会社 ニュートンプレス　〒112-0012 東京都文京区大塚3-11-6
	https://www.newtonpress.co.jp/
	電話 03-5940-2451